豪雨による河川橋梁災害
― その原因と対策 ―

著者
代表 玉井 信行
　　 石野 和男
　　 楳田 真也
　　 前野 詩朗
　　 渡邊 康玄

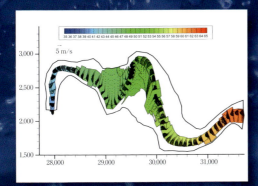

技報堂出版

本書は,公益財団法人 河川財団の河川整備基金の助成を受けて出版されたものである.

書籍のコピー,スキャン,デジタル化等による複製は,
著作権法上での例外を除き禁じられています。

はじめに

　近年において，2003（平成15）年の台風10号による北海道日高地方での水害，2004（平成16）年の北陸豪雨水害をはじめ，様々な流況下で河川橋梁が様々な形態で被災した．著者たちは，この2つの水害を機に橋梁被害を対象とする研究グループを構成し，当初は厚別川や足羽川の橋梁被害調査に携わった．その調査・研究中に2005（平成17）年の台風14号による宮崎水害が発生した．五ヶ瀬川，耳川で多くの橋梁が類似の被害を受けたので，これらも対象に含めて調査・研究を行った．こうした経験から，近年の橋梁災害の特徴を次のように把握している．現象論では，1) 大出水においては大量の倒木の流出が見られ，これが橋梁被害を拡大している，2) 大出水においては橋桁が浸水するほどに水位が上昇している，3) 近代的な設計基準が定められる前に建設された橋脚は，破壊に至るものが見られる，4) 構造物および堆積流木による流水阻害により迂回流が発生し，これが橋梁周辺の堤防や取付け道路を破壊している，ということである．橋桁が浸水することや，橋梁に流木が堆積し流水阻害率が急激に増大することは，橋梁設計時には考えられていない異常事態であり，こうした事態に対する分析と対策が望まれている．

　このような問題意識から研究目的の設定，研究内容の選定，研究班の構成を定めた．2004年災害までは，対策工にまで言及した研究は鉄道橋に限られていたが，引き続く研究において道路橋被災状況の調査，解析，水理実験を総合的に組み合わせて原因の解明を行うとともに，被災に対する対策工の立案も目標とした．さらに，今後予想される流況下における橋梁形式ごとの対策工までをまとめることとした．このため，大学の研究者，橋梁の管理者につながる行政官庁の研究者（2005年当時），工事の設計・施工に当たる民間建設業の研究関係者による共同研究を実施できる研究班を構築した．

　そして，「豪雨による河川橋梁災害に関する現地調査，被災原因解明，対策工立案の研究」と題して，2005年度〜2007（平成19）年度にかけて河川整備基金の助成を得て研究を行い，2008（平成20）年に報告書の形で公表している．この調査・研究期間中に2007年の台風9号による酒匂川の十文字橋災害が生じた．この橋梁災害は著者たちが経験していなかった被災状況であったので，研究グループとしての活動を継続してこれに当たることとした．そして，「礫床河川において洪水中に発生した橋脚の沈下原因の究明および対策工立案の研究」と題して，2008年度の河川整備基金の助成を得て研究を行い，2009（平成21）年に報告書を公表した．

　本書は，4年間の研究を総括した報告書を推敲し，河川および道路の管理者が留意すべき視点も併せて，わかりやすくその成果をとりまとめた．現象を観察し，そのモデル化を考え，内部機構の力学的な本質を考え，それを対策に結び付ける論理的な階層で構成されている．著者たちは，2009年以降も様々な災害調査に加わって活動し，橋梁災害に関係する水理的機構の

解明，被災軽減対策等の研究に従事してきた．今回の出版に当たっては，河川整備基金からの二度の研究助成の内容のみにとどまらず，このような著者たちの 2009 年以降の活動内容を含め，近年の橋梁災害に関してできるだけ包括的，体系的な内容となるように務めたつもりである．しかしながら，研究グループとしては年次ごとの活動をした経緯もあり，提示の順序は主として時系列に従っている，と言える．第Ⅱ編『橋梁の健全度評価法』については，現在進行形で発展している分野もあり，今後の研究の進展により被害軽減策が進むことが期待される．

本書の基礎となった調査・研究を進めているときに著者たちが強く意識していたのは，橋梁のみを見るな，川の蛇行や河床の土砂を見よう，取付け道路を見よう，橋梁が立地する谷筋の自然環境を考えよう，という項目であった．本書を通して，読者の方々が「環境の中に佇む橋梁」を，頭に思い描いていただくことができれば幸いである．

河川整備基金の研究助成による調査・研究でお世話になった公益財団法人河川財団，研究グループ構成員の活動に関して支援をいただいた独立行政法人寒地土木研究所，大成建設株式会社技術研究所，金沢大学に謝意を表します．また，被害を受けた橋梁に関する資料や図面，災害時の写真使用に関しては，国土交通省近畿地方整備局，同福井河川事務所，同足羽川ダム工事事務所，国土交通省北陸地方整備局，国土交通省北海道開発局，国土地理院地理空間情報部，福井県土木部，新潟県土木部，北海道建設部，神奈川県県土整備局河川下水道部，土木学会，西日本旅客鉄道株式会社金沢支社，福井新聞社，国際航業株式会社，株式会社シン技術コンサル等のご協力を得ました．そうしたご協力により，読者に有用な情報を提供することができたことに厚く感謝します．

編集にあたっては，いくつかの調査報告書を統一した形の素原稿に組み直し，清書，プリントする作業を遂行していただいた技報堂出版(株)小巻愼編集部長の協力に厚く謝意を表します．さらに，出版に当たっては(公財)河川財団河川整備基金による河川整備基金助成事業研究成果の出版(申請事業名：豪雨による河川橋梁災害の原因解明と対策工立案についての研究成果の出版)への学術図書出版助成を得ましたことを記して，深く感謝いたします．

2015 年 4 月

著者を代表して　玉井　信行

執筆者名簿(太字は執筆箇所　2015年2月現在)

代　表
玉井　信行(たまい のぶゆき)［東京大学名誉教授］
　　　　　[**2.1.1, 2.2.1, 4.1, 4.2, 4.3.1～4.3.3, 4.4.1, 5章, 9.2.1**]

執筆者(五十音順)
石野　和男(いしの かずお)［(株)アジア共同設計コンサルタント］
　　　　　[**2章, 4.1, 4.3.2～4.3.5, 4.4.2, 5章, 6.3.1, 6.3.3, 7.1～7.3, 7.4.1, 7.4.2, 7.5, 8.1, 8.2.1, 8.2.2, 9.2.3, 9.2.4**]

楳田　真也(うめだ しんや)［金沢大学理工研究域環境デザイン学系准教授］
　　　　　[**1.1, 6.2, 6.3.1, 8.2.3, 9.1.1, 9.2.2**]

前野　詩朗(まえの しろう)［岡山大学大学院環境生命科学研究科教授］
　　　　　[**6.3.2, 7.4.3**]

渡邊　康玄(わたなべ やすはる)［北見工業大学工学部社会環境工学科教授］
　　　　　[**1.2, 3章, 6.1, 9.1.2**]

目　　次

第Ⅰ編　近年の橋梁災害の特徴

第1章　大スケールの流れと橋梁被害　*3*

1.1 谷底平野の橋梁　*3*

1.2 大規模砂州の影響　*12*

第2章　構造物周りの流れと橋梁被害の特徴　*15*

2.1 鉄道橋：無筋コンクリート橋脚の倒壊　*15*

2.1.1　越美北線鉄道　*15*
（1）2004年福井豪雨の概要／*15*
（2）越美北線の橋梁およびその被害の概要／*15*
（3）越美北線橋梁の被害調査結果／*16*
　a. 第1鉄橋付近の被害状況／*16*　　b. 第3鉄橋付近の被害状況／*17*
　c. 第4鉄橋付近の被害状況／*17*　　d. 第5鉄橋付近の被害状況／*18*
　e. 第7鉄橋付近の被害状況／*19*
（4）岩盤から剥離した橋脚およびコンクリートが折損した橋脚の倒壊解析／*19*
（5）洗掘で倒壊した橋脚の倒壊原因の解析／*20*
（6）ま と め／*20*

2.1.2　高千穂鉄道　*20*
（1）2005年宮崎水害の概要／*20*
（2）高千穂鉄道橋梁の被害の概要／*21*
（3）高千穂鉄道橋梁の被害調査結果／*21*
（4）橋梁の被災原因の解析／*22*
　a. 河川流量の算出／*22*　　b. 水深，流速，流体力の算出と橋梁の耐力との比較／*24*

2.2 道　路　橋　*24*

2.2.1　耳川町村道　*24*

2.2.2　調査結果　*25*

2.2.3　原因の解析　*26*

2.3 ま　と　め　*27*

第3章　橋脚に集積する流木　*29*

3.1 実績調査　*29*

3.1.1　調査箇所　*29*

3.1.2　調査方法　*30*

3.1.3 調査結果　*30*

3.2　現地観測　*32*

3.2.1 監視システム　*33*

3.2.2 監視カメラの操作　*34*

3.2.3 観測結果　*35*

（1）観測期間中の降雨，水位状況と出水イベント／*35*

（2）出水イベント時の監視映像／*37*

（3）橋脚集積流木量調査／*39*

（4）流下流木数の時系列変化／*42*

3.2.4 まとめ　*43*

第4章　被害形式の分類　*45*

4.1　超過外力に起因する被害例　*46*

4.1.1 2009（平成21）年台風9号による兵庫県内の橋梁の被害状況　*46*

（1）鋼製桁の永久変形：赤穂郡上郡町・河野原橋歩道橋／*46*

（2）欄干が取付け部から剥がれた橋梁：佐用町・笹ケ丘橋／*47*

（3）桁下高が3m以下で流木の集積による側岸家屋の浸水被害：朝来市・神子・畑川／*47*

（4）外岸越水，堤防決壊，畑損傷：宍粟市・揖保川・きさかばし／*48*

4.1.2 2009（平成21）年台風8号により発生した台湾における橋梁被害　*48*

4.1.3 2011（平成23）年7月新潟・福島豪雨における只見川の橋梁災害　*52*

（1）滝ダム下流の橋梁被害の調査結果と被害要因／*52*

　　a.田沢橋／*52*　　b.JR第7鉄橋／*53*　　c.二本木橋／*53*　　d.西部橋／*55*　　e.湯倉橋／*55*

　　f.JR第6鉄橋／*56*　　g.JR第5鉄橋／*57*

（2）滝ダム上流の橋梁被害の調査結果と被害要因／*57*

　　a.万代橋／*57*　　b.中ノ平橋／*59*　　c.賢盤橋／*58*　　d.五礼橋／*58*　　e.蒲生橋／*58*

　　f.峯沢橋／*59*　　g.楢戸橋／*59*　　h.小川橋／*59*　　i.花立橋／*60*

（3）まとめ／*60*

4.1.4 2011（平成23）年台風12号による三重県宮川における橋梁被害　*61*

（1）2011年台風12号時の災害状況／*62*

（2）岩井地区持山谷で発生した土石流と，それに起因した土砂ダムの発生・撤去と落橋状況／*62*

4.2　河積阻害に起因する被害例　*64*

4.2.1 下向橋の災害　*64*

4.2.2 妙之谷川橋の被害　*66*

4.3　河床洗掘に起因する被害例　*66*

4.3.1 竜西橋の被害　*60*

4.3.2 殿島橋の被害　*67*

4.3.3 兵庫県朝来市・新橋の被害　*68*

4.3.4 十文字橋の被害　*69*

4.3.5 多摩川における橋梁災害　*70*

（1）2007（平成19）年台風9号時の被害概況／*70*

（2）JR東日本の戦前に建設された橋脚の基礎部での被害・復旧状況／*71*

　　　　　　　a. 八高線の多摩川橋梁の損傷および復旧状況／71
　　　　　　　b. 中央線の多摩川橋梁の損傷および復旧状況／71
　　　　　　　c. 南部線の多摩川橋梁の損傷および復旧状況／77
　　　　（3） 多摩川水系で唯一倒壊した支流南秋川での橋梁の倒壊状況と考察／78
4.4　橋梁取付け道路部の災害　79
　　4.4.1　日入倉橋の被害　79
　　4.4.2　兵庫県宍栗市・津羅橋の被害　81

第II編　橋梁の健全度評価法

第5章　橋梁健全度検討フロー　85

第6章　洪水流の解析　87

6.1　大規模な地形と洪水流れの相関　87
　6.1.1　地形および洪水流の特徴　87
　　（1） 谷底平野の形状把握／87
　　（2） 中規模河床形態と洪水流／88
　6.1.2　谷底平地の形状特性　89
　　（1） 既往知見による蛇行波長の検討／89
　　（2） 二重フーリエ解析と分析方法／89
　　（3） 二重フーリエ解析の適用／90
　6.1.3　谷底平地の成因と氾濫流の特徴　91

6.2　氾濫原と河道の流れ　92
　6.2.1　解析方法の概要　92
　6.2.2　破堤および溢水を引き起こした洪水氾濫流　93
　　（1） 河道・河川施設の状況と解析条件／93
　　（2） 元河道地形を用いた洪水氾濫解析の結果および考察／94
　　（3） 破堤後の河道地形を用いた洪水氾濫解析の結果および考察／98
　　（4） ビデオ画像を用いた表面倍速推定／100
　　（5） まとめ／104
　6.2.3　橋脚の沈下被害を引き起こした洪水流　104
　　（1） 河道・河川施設の状況と解析条件／104
　　（2） 解析結果および考察／107
　　（3） まとめ／109

6.3　局所的な流れ　109
　6.3.1　橋脚周辺の流れの解析　109
　　（1） 入力条件／109
　　　　a. 地形形状／109　　b. 上下流側境界条件／110
　　（2） 解析結果および考察／110
　　　　a. 平面流速分布／110　　b. 橋脚周りの水位分布／110

6.3.2　橋脚底部周辺の流れ　*110*
　　（1）解析条件 /111
　　（2）解析結果および考察 /111
6.3.3　橋脚底部地盤からの砂の吸出しに関する考察　*112*
　　（1）既往の洗掘に関する文献を用いた洗掘深の推定 /112
　　（2）橋脚底部周辺の浸透流速と砂の移動限界流速の比較による被災原因の推定 /113

第7章　橋梁に作用する流体力　*115*

7.1　橋脚に作用する流体力の算定方法　*115*

7.2　橋桁の滑動限界時に作用する流体力の同定実験　*116*
7.2.1　検討方法　*116*
7.2.2　実験結果および考察　*118*

7.3　橋桁に作用する流体力の算定方法　*119*
7.3.1　鉄道プレートガーダ橋　*120*
　　（1）迎え角90°における諸元 /120
　　（2）迎え角60°における諸元 /121
　　（3）迎え角45°における諸元 /122
7.3.2　道路トラス橋　*122*
　　（1）迎え角90°における諸元 /123
　　（2）迎え角60°における諸元 /123
　　（3）迎え角45°における諸元 /124
7.3.3　道路合成桁橋　*124*
　　（1）迎え角90°における諸元 /124

7.4　局所的現象により橋梁に作用する力　*125*
7.4.1　波状跳水による吊り橋の流出　*125*
7.4.2　日本で発生した豪雨による吊り橋の倒壊事例　*128*
　　（1）五ヶ瀬川の下流の吊り橋（うさぎ橋）の倒壊状況 /128
　　（2）川内川中流域の吊り橋（久住橋）の倒壊 /128
7.4.3　流木の集積が作用流体力に及ぼす影響　*129*
　　（1）解析モデルの構成 /129
　　（2）橋梁に作用する流体力の検討 /131
　　　　a. 解析の条件 /131　　b. 解析結果および考察 /132　　c. 結論 /135

7.5　付帯設備に作用する流体力：高欄，併設歩道橋等　*135*
7.5.1　歩道橋の鋼製桁の変形の発生要因と対策方法　*135*
7.5.2　欄干が取付け部から剥がれた橋梁　*137*

第8章　橋梁被害の分析　*139*

8.1　支承部の耐力算定手法および健全度評価手法　*139*
8.1.1　支承部の耐力算定手法　*139*
8.1.2　支承部の健全度評価手法　*140*

8.2　無筋コンクリート橋脚部の耐力算定手法および健全度評価手法　*140*

8.2.1　無筋コンクリート橋脚部の耐力算定手法　*140*
　　　　（1）打ち継ぎ目なし /140
　　　　（2）打ち継ぎ目あり /141
　　　8.2.2　無筋コンクリート橋脚部の健全度評価手法　*141*
　　　　（1）打ち継ぎ目なし /141
　　　　（2）打ち継ぎ目あり /141
　　　8.2.3　橋脚根元周りの洗掘深の推定　*142*

第9章　橋梁被害軽減対策：ハード対策,ソフト対策,復旧後の新橋　*145*

9.1　架橋地点の選択　*145*
　　　9.1.1　谷底平野：足羽川中流部における橋梁および周辺河川施設の災害復旧　*145*
　　　9.1.2　大規模砂州と渡河橋梁取付け道路　*151*

9.2　流況の改善と耐力の補強　*152*
　　　9.2.1　河積の確保　*152*
　　　9.2.2　桁下クリアランスの確保：足羽川中流域の鉄道橋および道路橋の災害復旧　*153*
　　　9.2.3　支承部の補強　*155*
　　　9.2.4　無筋コンクリート橋脚の補強　*156*

項目索引　*159*

河川・橋梁等索引　*161*

第1編　近年の橋梁災害の特徴

2004年福井豪雨による足羽川の高田大橋付近における被害（上流左岸より）

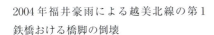

2004年福井豪雨による越美北線の第1鉄橋おける橋脚の倒壊

2005年宮崎水害による耳川町村道の小原橋桁の流出

沙流川において3次元レーザスキャンを用いた流木集積量（体積）の計測

2011年新潟・福島豪雨による只見川に架かる万代橋の被害（右岸下流より）（数字は計測値を示し，単位はm）

2011年新潟・福島豪雨による只見川右支川に架かる小川橋の被害（右岸上流から）（数字は計測値を示し，単位はm）

第 1 章　大スケールの流れと橋梁被害

1.1　谷底平野の橋梁

　本節では，谷底平野を流れる足羽川中流域における洪水氾濫状況と橋梁被害の特徴をまとめる．

　2004（平成16）年7月18日，梅雨前線の停滞に伴い福井豪雨が発生した．その災害では，福井市内中心部の足羽川下流域における破堤氾濫による11,000世帯以上の床上・床下浸水等の多大な被害とともに，旧美山町周辺の足羽川中流域の谷底平野においても溢水，破堤氾濫等により家屋，農地および河川施設に甚大な被害が発生した．

　市街地付近の流下能力 1,300 m^3/s に対して天神橋地点の実績流量は約 2,400 m^3/s であった．治水計画の規模を大きく上回る大出水により，足羽川中流域の多くの橋梁付近で水位が桁高以上になり，非常に激しい洪水流を受け，JR越美北線の鉄道橋5本（第1, 3, 4, 5, 7橋梁）および道路橋2本（田尻新橋，河原橋）が流失するなどの被害を受けた [1]．また，溢水および破堤氾濫により，土砂，流木を含んだ水が山間部の谷底平野に広く侵入し，浸水家屋，農地，道路等に多量の土砂が堆積するなどの被害が生じた．図-1.1は，足羽川天神橋水位観測所から約3.5 km上流にある旧美山町高田地区，市波地区周辺の被災前後の空中写真である．河道は蛇行して両岸に谷底平野を形成しているが，その両岸には水田が広がり，山際付近の標高の比較的高い所に集落が分布する．（b）の被災後の写真から，氾濫流に伴う土砂の堆積は河道湾曲部の内岸側で顕著で，湾曲部内岸をショートカットする流れが発生したことがわかる．

　図-1.2は，足羽川第6鉄橋から下新橋付近の浸水範囲と橋梁および河川施設の被害概要を示したものである．図中の矢印は土砂の流入方向を示している．大出水により河道周辺の低地にある水田や集落は広い範囲にわたって浸水している．また，第4鉄橋付近の右岸堤防および高田大橋直上流の右岸堤防は決壊し，多量の土砂が背後の堤内地に流入したため，土砂堆積による著しい被害が生じている．第4, 5鉄橋の上流に位置する河道湾曲部では，洪水流が内岸の堤防を乗り越えたため，多量の土砂が堤内地に運び込まれている．

　図-1.3は，下新橋下流の出水時と平水時の様子を示すが，出水時の流れは平水時に比べて水位が非常に高く，流木，ゴミ等が大量に流出したことがわかる．多くの橋梁地点でピーク水位は桁下以上に達し，対象区間では鉄道橋3本（第3, 4, 5橋梁）および道路橋1本の橋脚が倒壊し，橋桁が流出するといった甚大な被害が生じた．図-1.4に示す倒壊した田尻新橋は，長さ約57 m，幅員約3 mの小規模な道路橋である．国道364号が通る幅員約8.4 mの高田大橋は流出を免れたが，図-1.5に示すように右岸上流部の堤防および右岸取付け道路が破壊さ

第1章　大スケールの流れと橋梁被害

（a）被災前（2003年撮影）

（b）被災後（2004年7月撮影）

図-1.1　2004年の福井豪雨前後の空中写真の比較（出典：国土地理院）

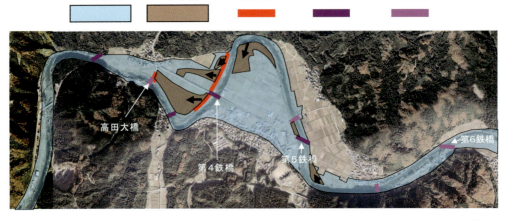

図-1.2　2004年の福井豪雨による足羽川第6鉄橋から下新橋付近の浸水範囲と被害を被った橋梁
［出典（国土地理院）に加筆］

1.1 谷底平野の橋梁

（a） 出水時（2004年7月18日午前）（出典：地元住民）　　（b） 平水時（2004年8月14日）（出典：楳田）

図-1.3　出水時と平水時の下新橋下流における流況比較

図-1.4　田尻新橋の被害状況（出典：楳田）

図-1.5　高田大橋周辺被害状況（2004年7月19日）（出典：福井新聞社）

れるなど，周辺施設に大きな被害が及んだ．堤防の決壊により，第4鉄橋上流右岸側の堤内地の水田には直径約 50 cm に達する大きな石や土砂が大量に残されたり［図-1.6(a)］，農道のアスファルト舗装が剥離して水田に堆積したり［図-1.6(b)］したことから，非常に激しい氾濫水の流入があったことがうかがえる．なお，足羽川中流域の土砂堆積状況に関しては服部，山本[2]に詳しい．

　図-1.7 に，第4鉄橋から高田大橋付近の右岸堤内地における氾濫流の主方向を推定した結果を示す．黒矢印は表層土砂の堆積状況や砂連の形状から，赤矢印は稲の倒伏や流木等の堆積状況から推定した方向で，例えば図-1.8，1.10(d)に示すような，当時の現地調査，空中写真

(a) 水田に堆積した礫や土砂　　　　　　(b) 堤内地の農道舗装の剥離

図-1.6　第4鉄橋上流右岸堤内地の被害状況（足羽川との位置関係については図-1.2参照）（出典：楳田）

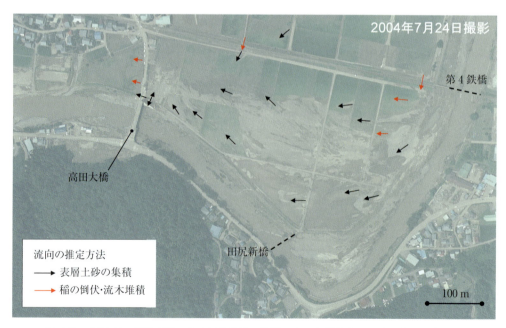

図-1.7　2004年の福井豪雨による足羽川第4鉄橋・高田大橋右岸の氾濫流向の推定結果
［出典（国土地理院）に加筆］

および映像，写真等の記録を基にしている．鉄道の盛土に開けられた2箇所のカルバートから，第4鉄橋上流右岸に侵入した氾濫水が流入するとともに，4鉄橋下流の破堤部から多量の氾濫水が水田を横切り，高田大橋の取付け道路に向かって流下したと考えられる．取付け道路は水田より約2～3m程度高い盛土であったが，氾濫水が多量であったため，氾濫水はさらに道路盛土を越えて下流側に流れたことが樹木の倒伏状況からわかった．以下では，第4鉄橋下流，高田大橋上流の破堤部周辺における洪水氾濫過程と橋梁，周辺施設の被害の特徴を詳述する．

図-1.8 足羽川第4鉄橋下流右岸堤内地の稲の倒伏および土砂の堆積（2004年7月22日撮影）（出典：楳田）

図-1.9(a)～(e)は，洪水時のピーク流量発生時刻付近の18日11時半から16時頃までの第4鉄橋付近の洪水氾濫状況を示す．図中の矢印は河川流の向きである．(a)はピーク流量付近の時刻11時30分頃の洪水氾濫状況であるが，橋脚は既に流失している．第4鉄橋倒壊の主な原因は，橋脚周辺の局所洗掘であると推定されている[1]．橋梁の上流左岸側からは堤内地の氾濫水が河道に戻り，右岸側では河川水が堤防を越流し，堤内地は既に多量に浸水している．右岸堤防の背後域の浸水深は約2m以上に達し，右岸堤内地の最大浸水量は354,000 m^3 程度と算定された．(b)の12時10分頃の河川水位は，11時30分より1m程度低下しており，最高水位の時刻が11時30分に近いことがわかる．19時過ぎの減水期の状況を示す(c)から，第4鉄橋下流右岸の破堤区間のうち，下流端付近の堤内地において，堤防背後の舌状の地盤侵食や土砂の堆積が著しいことがわかる．(d)からは，下流右岸の堤内地に，4鉄橋右岸寄りの流出した橋桁が氾濫水や土砂とともに侵入したことが，(e)からは，土砂が氾濫水とともに堤内地に侵入し，破堤部から高田大橋の取付け道路付近まで広範囲に堆積し，特に堤内地の中央部に大量に厚く堆積したことがわかる．

次に，第4鉄橋周辺の洪水氾濫による被害状況を図-1.10(a)～(e)に示す．右岸堤防は第4鉄橋の直下流から約200mにわたって崩壊し，堤体は根元から消滅している．堤体材料であった土砂，表のりに使用されていたと考えられる直径10～20cm程度の礫は，堤内地に散

(a) 11時30分頃(出典：福井新聞社)　　(b) 12時10分頃(出典：福井新聞社)

(c) 19時9分頃(出典：福井豪雨映像アーカイブス作成委員会)　　(d) 18日午後(出典：福井豪雨映像アーカイブス作成委員会)

(e) 18日午後(出典：福井豪雨映像アーカイブス作成委員会)

図-1.9　2004年の福井豪雨時の足羽川中流域にある第4鉄橋付近の洪水氾濫状況

1.1 谷底平野の橋梁

(a) 第4鉄橋(下流上空より)[出典(国際航業株式会社)に加筆]

(b) 堤内地に侵入した橋桁(河道寄りから撮影)
(出典:楳田)

(c) 堤内地に侵入した橋桁(堤内地寄りから撮影)
(出典:楳田)

(d) 下流右岸の高水敷の侵食と破堤の状況
(出典:楳田)

(e) 下流右岸の高水敷の侵食と破堤の状況
(出典:楳田)

図-1.10 2004年の福井豪雨による足羽川第4鉄橋付近の被災状況

乱した．(a)の下流上空からの写真から，礫は破堤区間の下流寄りに集中的に堆積していること，流失した橋桁も礫の堆積する場所まで元の位置から150 m程度流されていることがわかる．橋桁は，主軸が河道法線から約25°傾いた状態で停止しており，土砂堆積や作物の倒伏状況から推定される氾濫流の主方向から約70～90°傾いている．(b)，(c)では，橋桁の河道側表層に礫が分布し，橋桁背後の堤内側には土砂が分布しているのが見られる．背後の土砂は，破堤直後に堤内地に流入し堆積した土砂がその後に侵入した橋桁によって掻き集められた部分と，橋桁は堤内地に停止した後も氾濫流にさらされており，氾濫流とともに流入した土砂が橋桁の後流域に堆積した部分があると考えられる．

　第4鉄橋下流右岸の高水敷の一部が異常に侵食され，大きな水溜りができていることが(a)，(d)より確認できる．その場所は，右岸側の鉄道の線路が曲げられた軌道の延長線上にある[(a)，(e)参照]．異常侵食された範囲の長径は流失桁の長さの約2～3倍，短径は桁幅の約3～6倍程度の大きさである．これらの状況から，倒壊した橋桁は，一時的に高水敷上にとどまり，洪水流に対して大きな障害物となり，その周辺が局所的に侵食された．その後，右岸堤防が決壊し，橋桁は氾濫水とともに堤内地に押し流されたと考えられる．また，前述した堤内地盤の侵食や礫の堆積状況から，右岸堤防の決壊は，破堤区間の下流寄りの場所から始まったと推測される．この破堤開始場所は，高水敷の侵食箇所の末端付近に位置することから，高水敷の異常侵食が破堤現象に影響を及ぼした可能性が高いと考えられる．

　次に，道路橋である高田大橋周辺の洪水氾濫状況，被害状況を図-1.11(a)，(b)および図-1.12(a)～(d)に示す．図-1.11(a)の撮影時点は最大水位に到達する前の増水期の段階で，高田大橋の橋桁の前面に流れが一部作用するものの，冠水していないが，対岸の右岸堤防は冠水し，洪水が堤防を越流していると推察される．(b)は減水段階の洪水氾濫状況を示す．橋の直上流右岸の堤防が決壊し，破堤区間のさらに上流の堤防の背後に多量の土砂が堆積し，破堤部背後の堤内地には堆積土砂の段差が確認できる．被災後の図-1.5等から橋梁本体の損傷は比較的小さいが，直上流の堤防が決壊し，さらに右岸側の取付け道路の国道364号線の盛土が侵食され，道路が寸断された．破堤部付近の水みちの痕跡から，右岸堤内地に溜まった氾濫水は，河川水位の低下に伴ってこの破堤部から徐々に排水されたと推測される．図-1.12(a)から，破堤の背後域の堤内地には，堤防の表のり護岸に使用されていた礫が堆積し，礫の堆積面と堤内奥側の土砂の堆積面には段差があることが確認できる．また，(b)，(d)の破堤点上流に残った堤防の被災状況から，堤防の表のり肩や天端部分が顕著に侵食されたことが確認できる．これらの状況から，高田大橋付近の洪水氾濫過程は，次のように推測される．

　河川水位が上昇し，高田大橋が冠水するとともに洪水流は両岸に溢れ，その越流水によって橋の直上流から約20 mの範囲で右岸堤防が決壊し，それにより左岸護岸は激しい洪水流により側方侵食を受けた．右岸堤防の決壊により洪水流が堤内地に流入した際，破堤点近傍の地盤を侵食するとともに，堤体材料の土砂や表のり護岸に使用されていた礫が堤内地に侵入し，堆積した．破堤後，河道からの洪水氾濫流が橋を迂回して取付け道路に直接作用し，橋台背後が侵食された．減水期には，堤内に溜まっていた氾濫水は破堤部から河川に排水されたと考えられる．

1.2　大規模砂州の影響

（a）18日午前（推定），上流左岸より撮影

（b）18日16時8分頃，右岸上空より撮影

図-1.11　2004年の福井豪雨による足羽川高田大橋付近の洪水氾濫状況（出典：国土交通省近畿地方整備局足羽川ダム工事事務所）

（a）22日,上流左岸より撮影

（b）22日,上流左岸より撮影

（c）22日,下流左岸より撮影

（d）22日,上流左岸より撮影

図-1.12　2004年の福井豪雨による足羽川高田大橋付近の被害状況（出典：楳田）

1.2 大規模砂州の影響

2003(平成15)年，北海道日高地方を襲った洪水では，沙流川をはじめ，近隣の谷底平野を流れる河川において，氾濫流により橋梁およびその取付け道路が被害を受ける事例が多発した[3]．表-1.1は2003年洪水における沙流川水系の主な橋梁被害状況を，図-1.13は各橋梁の位置を示している．橋桁が流失した橋梁も存在するが，橋梁護岸や橋台，あるいは橋台背面が流失する被害を受けた橋梁が多く存在する．

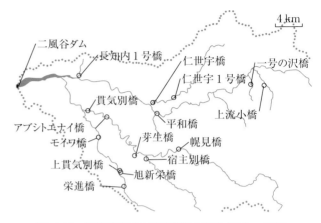

図-1.13 沙流川流域の被害橋梁の位置（出典：渡邊）

表-1.1 沙流川水系の橋梁被害状況（出典：渡邊）

管理者	橋梁名	被災位置	河川名	路線名	被害状況
平取町	幌見橋	平取町字豊糠	沙流川水系 額平川	町道 豊糠川向線	橋梁流失 L=55 m 道路 L=170 m
	アブシトエナイ橋	平取町字貴気別	沙流川水系 額平川	町道 アブシトエナイ線	橋梁2/4流失 L=64 m
	栄進橋	平取町字旭	沙流川水系 貴気別川	町道 旭川沿線	橋梁右岸橋台沈下 橋梁護岸
	旭栄進橋	平取町字旭	沙流川水系 貴気別川支川	町道 旭川沿線	橋梁護岸（左右岸）
	モイワ橋	平取町字旭	沙流川水系 モイワ川	町道 旭モイワ線	橋梁護岸（左岸）
	仁世宇1号橋	平取町字岩知志	沙流川水系 ニセウ川	町道 岩知志川向線	橋梁護岸工
	平和橋	平取町字岩知志	沙流川水系 沙流川支川	町道 旭モイワ線	橋梁護岸（左岸）
	仁世宇橋	平取町字岩知志	沙流川水系 ニセウ川	町道 仁世宇沿線	橋梁護岸（左岸）
	長知内1号線	平取町字長知内	沙流川水系 オサツナイ沢川	町道 長知内沿線	橋台洗掘 護岸工（左岸）
日高町	上流小橋	日高町字富岡	沙流川水系 岡春部川	岡春部川沿支線	橋台基礎部洗掘
	一号の沢橋	日高町字富岡	沙流川水系 一号の沢川	町道 一号の沢川沿支線	橋台・橋脚基礎部洗掘
室蘭土現	貴気別橋	平取町字貴気別	沙流川水系 額平川	主要道道 平取静内線	歩道橋傾斜
	上貴気別橋	平取町字旭	沙流川水系 貴気別川	主要道道 平取静内線	橋台背面の流失
	宿主別橋	平取町字芽生	沙流川水系 宿主別川	一般道道 芽生貴気別線	橋脚傾斜
	芽生橋	平取町字芽生	沙流川水系 モソシベツ川	一般道道 芽生貴気別線	橋台背面の流失

2003年洪水では，図-1.14，1.15にある栄進橋や主要道道平取静内線の貫気別川に沿う箇所での被害のように，橋台背面の道路盛土が氾濫流により侵食を受ける形態の被害が発生してい

る．この形態の被害は，洪水が通常の河道から溢れ出し，大規模な砂州に支配される流れに移行したためと考えられる．氾濫流に対しては，橋梁盛土が水制のような存在となり，氾濫流の下流への流れを阻害したため発生したものと考えられる（**6章6.1節**参照）．こうした流れを模式的に示したものが図-1.16である．

図-1.14　栄進橋の被害状況（出典：シン技術コンサル）

図-1.15　貫気別川河岸の侵食による主要道道平取静内線の被害

同様の道路盛土の侵食は沙流川や厚別川流域以外でも多数発生しており，2003年に日高地方を襲った洪水の特徴のひとつでもある．このことから，この現象について，氾濫流と河道および橋梁の位置の関係を詳細に見てみる．図-1.17は沙流川支川貫気別川の橋梁被害の状況で，図-1.18は同地点を広域に見たものである．蛇行河道に沿った流れと谷軸に対して対称な氾濫流が赤線で示すように8の字を描くように流下したことが確認される．洪水前の平常時の河道は黄線で，平常時と出水時の流れ方が異なることにより橋梁が被害を受けた事例である．谷底平野では，山地部や段丘面により氾濫流が横断方向に広がるスペースが限定され，氾濫流といえども縦断方向に勢いのある流れとなる．このため，氾濫流が橋梁取付け部の盛り土を侵食したり，橋脚や橋台の基礎を侵食したりすることにより落橋等を招く場合がある．この河道法線と関係なく8の字状に洪水流が流下する現象は，谷低平野において大規模出水時に形成される複列砂州の影響により形成された流れと考えられる．大規模出水時に形成される複列砂州地形と洪水時の流れの関係については**6章6.1節**「大規模な地形と洪水流れの相関」で詳細に述べる．

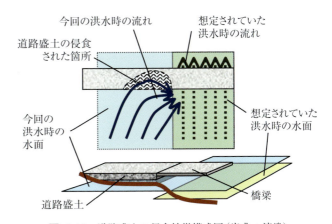

図-1.16　道路盛土の侵食被災模式図（出典：渡邊）

図-1.17 河道変化による橋梁の被害(沙流川水系貫気別川)[出典(シン技術コンサル)に加筆]

図-1.18 沙流川水系貫気別川被害箇所の周辺河道状況[出典(シン技術コンサル)に加筆]

引用文献

[1] 石野和男,楳田真也,玉井信行:2004年福井水害における鉄道橋梁の被災原因の調査解析と今後の長寿命化方策の検討,河川技術論文集,第11巻,pp.157-162,2005.
[2] 服部勇,山本博文:平成16年7月の福井豪雨の堆積学的側面(足羽川中流部における浸食,運搬,堆積作用),福井市自然史博物館研究報告,第52号,p.1-11,2005.
[3] 渡邊康玄,鈴木優一,小川長宏:2003年台風10号による沙流川洪水の橋梁被害と流木の挙動,自然災害科学,J.JSNDS,23-1,pp.107-116,2004.

第 2 章　構造物周りの流れと橋梁被害の特徴

2.1　鉄道橋：無筋コンクリート橋脚の倒壊

2.1.1　越美北線鉄道

　近年，計画高水位を超える異常出水と，それによる河川関連構造物の被害が発生している．2004（平成 16）年の福井豪雨における鉄道橋梁の被害はその一例である．この豪雨では，7 本の橋梁のうち 5 本の橋梁が倒壊するという稀に見る被害であった．このような被害原因を調査解析した報告事例は見られない．ここでは，この被害の特徴を示す．

（1）　2004 年の福井豪雨の概要

　福井県嶺北地方では，2004 年 7 月 18 日 0 時過ぎから 1 時間に 80 mm 以上の豪雨が発生した．この豪雨により洪水が発生し，足羽川の天神橋観測所では戦後最高水位を測定した [1]．足羽川ダム工事事務所は，この水位に対する流量を 2,400 m^3/s と発表した [2]．ここでは，この流量を用いて検討を行った．

（2）　越美北線橋梁およびその被害の概要

　図-2.1 に JR 越美北線（九頭竜線）の位置図を示す．越美北線は，昭和初期に建設された単線鉄道で，橋梁は，谷底河川である足羽川に設置されている．第 1 鉄橋は，天神橋観測所の約 1.5 km 上流に位置する．各鉄橋の桁は上路プレートガーター形式で，支間長はそれぞれ 12.9～25.4 m，桁高はそれぞれ 1.2～1.81 m である．表-2.1 に，越美北線の橋梁，架橋地点の河川および今回の被害等の概要を示す．越美北線の橋脚の特徴は 7 橋中 6 橋が岩着の円柱で，被害の特徴はそれらの岩着橋脚が剥れ倒壊または折損倒壊したことである．また，過去の最高水位は桁下 2 m 程度であった．今回の被害では，図-2.2 に示す調査および図-2.3 に示す航空写真（出典：福井新聞社）から，最高水位は桁にかかっていたことが判明している．

　橋梁は重要な鉄道構造物の一つである．1982（明治 5）年に初めて鉄道が建設された頃は，設

図-2.1　越美北線の位置図［出典（MapFan・Web）に加筆］

表-2.1 越美北線の橋梁およびその被害の概要(出典:石野)

橋梁No	第1	第2	第3	第4	第5	第6	第7
川幅(m)	108	136	75	85	74	92	58
河床勾配	1/200	未計測	1/87	1/6,000	1/370	1/250	1/210
過去の最高水位(m)と発生年月	桁下2.41 昭和28.9	桁下2.64 昭和29.9	桁下1.92 昭和28.9	桁下1.67 昭和28.9	桁下1.74 昭和9.9	桁下2.11 昭和9.9	桁下2.02 不明
橋脚形状	円柱	円柱	円柱	楕円柱	円柱	円柱	円柱
基礎状態	岩着	岩着	岩着	直接基礎	岩着	岩着	岩着
桁上～基礎の高さ(m)	11.5	12.1	11.6	11.4	13.4	12.9	12.4
橋脚の被害状況	剥れ倒壊	被害なし	剥れ倒壊	洗掘倒壊	剥れ倒壊	被害なし	折損倒壊
桁流出距離(m)	247	被害なし	測定困難	174	約1,500	被害なし	73

図-2.2 第1鉄橋付近の被害状況[出典(国土交通省近畿地方整備局足羽川ダム工事事務所)に加筆]

図-2.3 11:34に上流から撮影された第1鉄橋の洪水作用状況(出典:福井新聞社)

計者はお雇い外国人技師であり，設計の典拠は彼らの母国のものに求められていたと推測される．我が国独自の設計論がまとめられてきた節目の年を岡田，杉山[3]から抜粋すると，以下のようになる．

> 我が国最初の設計仕様書として「鋼鉄道橋設計示方書（達111号）」が1912(明治45)年に制定された．鉄筋コンクリートに対してはこれより遅く，「鉄筋コンクリート橋梁設計心得（達684号）」が1914(大正3)年に制定された．しかし，これらはその名前からも推測できるように鉄道関係者への指導書であった．鉄道関係の建造物設計基準が制定されたのはかなり新しい年代であり，鉄筋コンクリートおよび無筋コンクリートに対して1970(昭和45)年，鋼とコンクリートの合成鉄道橋に対して1973(昭和48)年であった．

設計の基準の進展はこのようなものであり，近代的な設計基準が整備される以前に建設された橋梁も数多くあるということを念頭に置いて被災状況の分析を行った．

（3）越美北線橋梁の被害調査結果

a．第1鉄橋付近の被害状況　図-2.4～2.6に第1鉄橋付近の被害状況を示す．図-2.5に示

すように，第1鉄橋では，河川中央の橋脚1本が岩盤から剥れ，倒壊していた．倒壊橋脚の左岸側の未倒壊橋脚周辺には護床工が施されていた．図-2.2, 2.6に示すように，第1鉄橋の中央の桁は，洪水流に流されて堤内地に流出している．

図-2.4　第1鉄橋付近の被害状況（出典：石野）

図-2.5　第1鉄橋の橋脚の倒壊状況（出典：石野）

図-2.6　第1鉄橋桁の流出状況（出典：石野）

b．第3鉄橋付近の被害状況　　図-2.7, 2.8に第3鉄橋付近の被害状況を示す．図-2.7に見るように，第3鉄橋では河川中央の橋脚3本が倒壊し，桁は流失していた．また，第3鉄橋の左岸の道路には道路面から2m程度の高さの洪水痕跡が見られ，第3鉄橋の桁に洪水が作用したことが推測される．さらに，図-2.8にあるように，第3鉄橋の橋脚はその基礎が岩盤から剥れ，倒壊している．

図-2.7　第3鉄橋付近の被害状況（出典：石野）

図-2.8　第3鉄橋の橋脚の倒壊状況（出典：石野）

c．第4鉄橋付近の被害状況　　図-2.9～2.11に第4鉄橋付近の被害状況を示す．図-2.10に

あるように第4鉄橋では非洪水時にも流れが存在し、植生が繁茂せずに低水路状になっていた左岸側の橋脚2本は倒壊して、その両側の桁が流失している。流失した桁の1本は174m下流で発見されている。また、第4鉄橋付近の河床は礫混じりの砂、さらに第4鉄橋の橋脚は楕円柱、橋脚の基盤は砂層、基礎は直接基礎であることがわかっている。なお、図-2.11に見るように、第4鉄橋右岸側の非倒壊橋脚の下流側には2m程度の深さの洗掘孔が見られる。

図-2.9 第4鉄橋付近の被害状況
［出典（国土地理院）に加筆］

図-2.10 第4鉄橋の橋脚の倒壊状況（出典：石野）

図-2.11 第4鉄橋橋脚下流の洗掘孔の状況
（出典：石野）

d．第5鉄橋付近の被害状況　図-2.12、2.13に第5鉄橋付近の被害状況を示す。図-2.12に第5鉄橋左岸側の橋脚3本が倒壊しているのが見られる。それらの両側の桁は、洪水流に流されて約1,500m下流に流出していた。図-2.13に示すように、第5鉄橋の橋脚は、その基礎が岩盤から剥れ、倒壊している。

図-2.12 第5鉄橋の倒壊状況（出典：石野）

図-2.13 第5鉄橋の橋脚の倒壊状況（出典：石野）

e．第7鉄橋付近の被害状況　　図-2.14～2.16 に第7鉄橋付近の被害状況を示す．図-2.15, 2.16 に示すように第7鉄橋では河川内の橋脚3本が折損倒壊している．また，第7鉄橋の桁は，洪水流により 73 m 下流に流されていた．

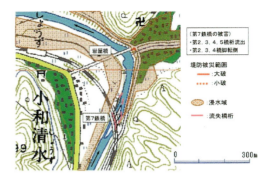

図-2.14　第7鉄橋付近の被害状況［出典（国土地理院）に加筆］

図-2.15　第7鉄橋の橋脚の倒壊状況（出典：石野）　　図-2.16　第7鉄橋の橋脚の折損状況（出典：石野）

（4）岩盤から剥離した橋脚（第1, 3, 5鉄橋）およびコンクリートが折損した橋脚（第7鉄橋）の倒壊解析

橋脚および桁に作用した流体力 F は式(2-1)で表される．

$$F = w \cdot C_d (V^2 / 2g) \cdot A \tag{2-1}$$

ここで，w：水の単位体積重量，V：流量 Q を河積で除した断面平均流速，A：作用面積．円柱橋脚の抗力係数 C_{d1} は 0.8，桁の抗力係数 C_{d2} は **7章7.3.1項**に示す実験値を用いて流体力 F を算出した．なお，桁に作用した流体力は左右橋脚間の半分の支間長分，合計1支間長分が作用したと仮定した．**表-2.2**に橋脚基礎に作用する曲げモーメント（$\sum M$），橋脚基礎の破壊部における曲げ応力 σ と終局耐力 σ_{ca} の比較表を示す．折損した無筋コンクリートの終局耐力 σ_{ca1}，岩盤から剥離したコンクリートの終局耐力 σ_{ca2} は，T.OGAWA の実験値[4]を示した．

表-2.2から，橋脚および桁に作用した流体力により，橋脚が剥れ，または折損破壊したと判定された．過去の最高水位は桁下であり，そして，設計では桁に作用する流体力を見込んでいないことから，**表-2.2**の結果は妥当であると推察できる．なお，**図-2.3**では，流木が大量に作用している状況は示されていないが，倒壊時には流木による衝撃力も加わっていた可能性もある．

表-2.2 越美北線橋脚基礎の破壊部での曲げ応力と終局耐力の比較表（出典：石野）

橋梁No	川幅(m)	河床勾配	桁上～基礎深さ(m)	断面平均流速 V (m/s)	ΣM (t·m)	底面幅(m)[形状]	曲げ応力 σ (N/mm^2)	比較	終局耐力 σ_{ca} (N/mm^2)	破壊形式
第1	108	1/200	11.5	2.9	184	4[矩形]	0.32	≒	0.18～2.6	岩盤剥離
第3	75	1/167	11.6	4.4	484	4[矩形]	0.32	≒	0.18～2.6	岩盤剥離
第5	74	1/370	12.3	3.4	342	2.3[円]	0.59	≒	0.18～2.6	岩盤剥離
第7	58	1/270	12.4	4.0	645	2.4[円]	1.00	≒	0.31～3.3	折損

（5） 洗掘で倒壊した橋脚（第4鉄橋）の倒壊原因の解析

航空写真から，第4鉄橋の橋脚は，桁に流水が衝突する時点では倒壊していたと推察される．

ここでは，桁下の水理諸元を用いて洗掘による倒壊の可能性を検討する．橋脚径 D=2.1 m，水深 h=8 m，河床勾配 I=1/6,000，粗度係数 n=0.03 から，h/D=3.81，フルード数 Fr=0.198 が求まる．須賀ら[5]を用いると，洗掘深 Z_s=1.2 D=2.5 m が求まる．橋脚の根入れ長 Z_{sc}=1.52 m であり，洗掘により倒壊したことが推察された．なお，図-2.11に示すように第4鉄橋の右岸側砂州は植生に覆われていて，橋脚周辺での洗掘は基礎には達しておらず，倒壊は免れた．ただし，右岸側橋脚の後方に2m程度の洗掘孔が見られた．現地では橋脚周辺の洗掘深では後方における洗掘深の方がより深くなる場合がある．この結果は，大型の洗掘実験等の結果と同様の傾向を示している．また，植生の繁茂により砂州が固定されると，流れが流心部に集中し，流心での水深，流速が大きくなり，洗掘に留意しなければならないとの報告[6]もある．第4鉄橋橋脚の洗掘による倒壊はこの報告を裏付けており，今後の橋脚の保守に対する注意すべき留意点が示されている．

（6） まとめ

福井水害における越美北線の橋梁災害の起因は，設計において考慮されておらず，そして，過去には経験しなかった桁に流水が掛かるような洪水により岩盤から橋脚基礎が剥れ，橋脚コンクリートが折損し，または洗掘により倒壊したことである．

2.1.2 高千穂鉄道

2004年の福井水害に引き続いて，2005（平成17）年の宮崎水害においては戦前に建設されたプレートガーダの鉄道橋2橋，昭和40年代に建設されたトラス橋2橋および合成桁の道路橋1橋の計3橋が被害を受けた．

ここでは，まず現地で発生した被害状況を調査し，その後，レーダ雨量データを用いて河川流量を求めて被害原因を推定し，異常豪雨に対する橋梁の対策工を検討する．

（1） 2005年の宮崎水害の概要

2005年の台風14号は，9月6～7日にかけて九州を通過し，宮崎県では1,400 mmを超える

記録的な累積雨量を記録した豪雨を降らせた．その結果，宮崎県県北の延岡市を流れる五ヶ瀬川流域で，その中流の高千穂鉄道橋梁の2箇所，日向市を流れる耳川流域で，その中流の町村道の3箇所において橋脚被災や橋桁流出等の被害が発生した．

（2）高千穂鉄道橋梁の被害の概要

高千穂鉄道は1937年に開通した単線鉄道で，橋梁5橋のうち4橋が谷底河川上に設置されている．桁は上路プレートガーダ形式およびトラス形式で，支間長は13.4〜35.4 m，桁高は1.5〜1.7 mである（2005年12月廃線）．

表-2.3は，高千穂鉄道橋梁の架橋地点の河川および今回の被害等の概要である．高千穂鉄道橋梁は岩着の無筋橋脚で，被害はその岩着橋脚が打ち継ぎ目から曲げにより剥れ，被災した．

表-2.3 高千穂鉄道橋梁の被害の概要（出典：石野）

	高千穂鉄道橋梁		
橋梁	第1鉄橋	第2鉄橋	第3鉄橋
川幅(m)	130	85	95
河床勾配	1/270	1/94	1/350
橋脚形状（支承）	楕円柱	楕円，円柱	楕円柱
橋脚の基礎状態	岩着	岩着	岩着
桁上〜基礎(m)	11.0	15.5	19.1
橋脚の被害状況	曲げ破壊	剥れ倒壊	被害なし
桁の流出距離(m)	650	50	被害なし

調査により，被害時，高千穂鉄道橋梁は，最高水位時に桁が没水していたことが判明している．

（3）高千穂鉄道橋梁の被害調査結果

図-2.17に高千穂鉄道橋梁の位置図，図-2.18〜2.22に高千穂鉄道橋梁の調査結果を示している．なお，いずれも右側は上流，図内の矢印は流向を示す．

図-2.17 高千穂鉄道位置図［出典（日本地図帳(1983.4)，地図使用承認©昭文社第57G003号）に加筆］

図-2.18 第1鉄橋の被害状況（出典：石野）

図-2.19 第1鉄橋桁の流出状況（出典：石野）

図-2.20 第2鉄橋の被害状況（出典：石野）

図-2.21 第2鉄橋の被害状況（出典：石野）

図-2.22 第3鉄橋の状況（出典：石野）

図-2.18に示すように，第1鉄橋では河川内の無筋橋脚6本のうち3本が1本おきに打ち継ぎ目から曲げにより剥れ，被災している．また，残存している橋脚の頂部には流木が見られ，洪水時，桁に流木が作用したことが推察される．図-2.19に示すように，第1鉄橋の桁は洪水流により650m下流へ流出していた．図-2.20，2.21に示すように，第2鉄橋は円柱橋脚が3本，楕円柱橋脚が2本存在しているが，円柱橋脚のみが岩盤から剥れ，被災している．図-2.22に示すように，第3鉄橋は上路トラス橋で，垂直材および斜材に根付きの長さ8.0m程度の杉の流木が突き刺さっていたが，倒壊は免れた．

（4） 橋梁の被災原因の解析

被災原因を解析するため，被災時の橋梁に作用した河川流量，水深，流速，流体力を求め，橋梁の耐力と比較検討した．以下に，各値の算出方法と結果を示す．

a．河川流量の算出　　橋梁は，河川の上流から下流にわたり設置されている．一方，降雨は，流域全体に均一にではなく，時空間分布を持って降る．このため，降雨の時空間分布を考慮した各橋梁架橋地点での河川流量を求める必要がある．近年，降雨の時空間分布を地上雨量データよりも細密に表現できるレーダ雨量データが気象業務支援センターから公表されている．ここでは，このレーダ雨量データと地形条件等を用いて流出解析を行い，各橋梁地点での河川流

量を求めた．用いた流出解析プログラムは，英国のランカスター大学が作成した TOP-MODEL を改良したものである．

図-2.23 に五ヶ瀬川におけるレーダ雨量データの 2005 年 9 月 5～7 日の 3 日間積算値の分布図を示す．高千穂鉄道の第 1 鉄橋～第 3 鉄橋を RB#1～RB#3 として示す．図右下の▲印が三輪水位観測地点を示す．

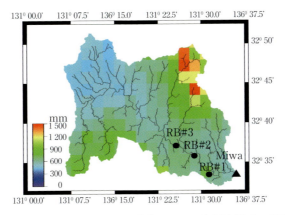

図-2.23　3 日間のレーダ雨量積算データの分布図（出典：石野）

図-2.23 から，五ヶ瀬川流域では，3 日間に高千穂鉄道橋梁の直上流の支川で最高で 1,455 mm もの集中豪雨が発生したことがわかる．

図-2.24 に三輪地点におけるレーダ雨量データを用いた流出計算の流量解析結果と，三輪地点における水位観測値を用いて推定した流量の比較を示す．また，図-2.24 には，流域平均時間雨量の時系列値を示す．これから，レーダ雨量データを用いた流出計算の流量解析結果と，三輪地点における水位観測値から推定した流量はほぼ等しく，流出解析結果の妥当性が示された．また，三輪地点におけるピーク流量は，8,000 m^3/s を超えた大流量であったことが示されている [7]．

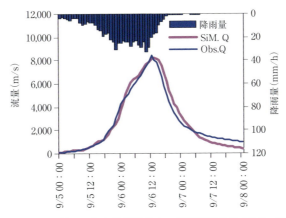

図-2.24　五ヶ瀬川三輪水位観測地点の流出解析結果（出典：石野）

b．水深，流速，流体力の算出と橋梁の耐力との比較　橋脚および桁に作用した流体力 F は，式 (2-1) 式で表される．

表 -2.4 に，橋脚基礎の破壊部での曲げ応力と終局耐力の比較表を示す．折損した無筋コンクリートの終局耐力 σ_{ca1}，岩盤から剥離したコンクリートの終局耐力 σ_{ca2} は，OGAWA の実験値 [4] を用いた．

表 -2.4　高千穂鉄道橋脚基礎の破壊部での曲げ応力と終局耐力の比較表 (出典：石野)

橋梁 No	流量 (m³/s)	川幅 (m)	河床勾配	桁上～基礎の高さ (m)	断面平均流速 V (m/s)	底面幅(m) [形状]	曲げ応力 σ (N/mm²)	比較	終局耐力 σ_{ca} (N/mm²)	破壊形式
第 1	7,320	130	1/270	11.0	5.6	2.5 [楕円]	2.60	≧	0.18～2.6	コンクリ剥離
第 2	7,100	85	1/94	15.5	5.6	4.4 [円]	1.21	≒	0.18～2.6	岩盤剥離
第 3	6,050	95	1/350	19.1	4.5	4.4 [円]	0.46	≦	0.18～2.6	被害なし

(注)　流水断面積は，現地観測の結果から算定している．

表 -2.4 から，橋脚および桁に作用した流体力により第 1 鉄橋および第 2 鉄橋の橋脚が剥れ，または折損したと判定される．過去の最高水位は桁下であり，そして，設計時には桁に作用する流体力を見込んでいないことから，その判定は妥当であると推察できる．なお，図 -2.18 に流木が作用している状況が示されているので，被災時には流木による衝撃力が加わっていた可能性が高い．

一方，第 3 鉄橋は河川軸に対して約 45°の角度で建設されたトラス橋で，洪水時には桁の 6 割の高さが水没し，流木が残存したが，橋梁は破損しなかった．福井水害においても，河川軸に対して約 45°の角度で建設されたプレートガーダ橋において，洪水時には桁が水没し，流木は残存したが，破損しなかった橋梁が存在していた．表 -2.4 では，河川軸に対する橋梁の設置角度を考慮した実験値を用いていて，設置角度の影響が大きいことこのことを裏付けている．

2.2　道路橋

2.2.1　耳川町村道

耳川町村道において被害を受けた 3 橋のうち，2 橋は昭和 40 年代に完成したトラス橋，1 橋は昭和 50 年代に完成した合成桁橋である．支承はピン支承，支承板支承で，ともにアンカーボルトで固定されたものである．

道路の発達は鉄道に遅れていたが，経済の高度成長期を境に物流輸送の主役となった．こうした時代背景のもとに，構造物ごとに制定されていた道路橋の設計基準を体系化する動きが起こり，道路橋示方書としての一つの体系の下に初めて制定されたのが「I　共通編・II　鋼橋編」[1972 (昭和 47) 年] である．それ以後，1978 (昭和 53) 年に「III　コンクリート橋編」が，1980 (昭

和 55）年に「IV 下部構造編」，「V 耐震設計編」が順に制定され，現在の体系が形作られた[8]．

画期的なものは，1980 年の耐震設計基準であり，この編が追加されたことにより支承の強度が増加し，被災橋梁が見られなくなった．このように，近代的な設計基準の整備を念頭に置いて被災状況の分析を行った

表 -2.5 に，耳川町村道における架橋地点の河川の状況と今回の被害の概要を示す．

耳川町村道の橋梁は，支承がピン支承であり，被害要因は支承部が破壊したことによる．調査により，耳川町村道の各橋梁の最高水位時には桁が没水していたことが判明している．

表 -2.5　耳川町村道の橋梁被害の概要（出典：石野）

	耳川町村道の橋梁		
橋梁	小原橋	小布所橋	尾佐渡橋
川幅 (m)	115.5	75.3	56.2
河床勾配	1/295	1/2154	1/429
橋脚形状（支承）	（ピン支承）	（ピン支承）	（支承板支承）
橋脚の基礎状態	−	−	−
桁上〜基礎 (m)	10.1	12.1	15.3
橋脚の被害状況	支承破壊	支承破壊	支承破壊
桁の流出距離 (m)	157	600	50

2.2.2　調査結果

図 -2.25 に耳川町村道の橋梁の位置図，図 -2.26〜2.30 に耳川町村道の橋梁の調査結果を示す．なお，図 -2.26〜2.30 の図内の矢印は流向を示す．

図 -2.26, 2.27 は小原橋，図 -2.28, 2.29 は小布所橋である．図に示すように，ともに下弦材と支承を接続するボルト部が破壊されており，トラス部は洪水流により流出し，原型をとどめていない．図 -2.30 に示すように，尾佐渡橋は支承板部で破壊されており，合成桁は反転し

図 - 2.25　耳川町村道の橋梁位置図［出典（日本地図帳（1983.4），地図使用承認Ⓒ昭文社第 57G003 号）に加筆］

図 -2.26　小原橋の被害状況（出典：石野）

て流出している．

図-2.27 小原橋桁の流出状況（出典：石野）

図-2.28 小布所橋の被害状況（出典：石野）

図-2.29 小布所橋の支承部状況（出典：石野）

図-2.30 尾佐渡橋の被害状況（出典：石野）

2.2.3 原因の解析

表-2.6に耳川町村道における橋梁支承の破壊部でのせん断力と終局耐力の比較を示す．なお，小原橋と尾佐渡橋は，河川が湾曲している場所に架けられている．これらの橋における湾曲を考慮した流速も併記した．表-2.6より桁に作用した流体力によって支承部のボルトがせん断破壊したと判定される．これらの橋における過去の最高水位も桁下であり，そして，設計において桁に作用する流体力を見込んでいない．このことから，表-2.6の結果は妥当であると推察できる．

表-2.6 耳川町村道の橋梁支承の破壊部でのせん断力と終局耐力の比較表（出典：石野）

橋梁名	流量 (m^3/s)	川幅 (m)	河床勾配	桁上〜基礎の高さ (m)	ボルト径 (mm)	発生流速 V (m/s)	比較	終局耐力時の流速 V_a (m/s)	破壊形式
小原橋	5,790	115.5	1/295	10.1	M 24	4.9(6.4)	≒	6.0	支承ボルトのせん断破壊
小布所橋	5,570	75.3	1/2,154	12.1	M 24	5.4	≒	5.6	支承ボルトのせん断破壊

| 尾佐渡橋 | 4,730 | 56.2 | 1/429 | 15.3 | M 24 | 4.2 (5.5) | ≒ | 5.6 | 支承ボルトのせん断破壊 |

(注) 発生流速の欄の括弧内の数値は，湾曲を考慮した値である．

2.3 まとめ

　福井水害，宮崎水害における橋梁災害の起因は，設計時に考慮されておらずに，そして，過去には経験しなかった桁に流水が作用するような異常な洪水流により岩盤から橋脚基礎が剥れ，橋脚コンクリートが剥れて折損し，または支承部ボルトがせん断破壊したことである．

引用文献
[1] 玉井信行：2004年北陸豪雨災害について－土木学会調査団報告，平成16年度河川災害に関するシンポジウム，pp.1-14，2005．
[2] 福井豪雨を踏まえた治水計画：第24回九頭竜川流域委員会資料，資料-1，国土交通省近畿地方整備局福井河川国道事務所，2004．
[3] 岡田勝也，杉山友康：鉄道と安全率－安全率を考える第6回，*J. of the Jpn. Landslide Soc.*, Vol.45, No.1, pp.82-87, 2008．
[4] T.OGAWA：Study on the Stability Evaluation of Concrete Gravity Dam Part Ⅱ，大成技研報，1993．
[5] 須賀堯三他：橋脚による局所洗掘深の予測と対策に関する水理的検討，土研資料，第1797号，1982．
[6] 辻本哲郎，石野和男，斉藤貢一：河川構造物にかかる河川工学の課題，河川技術論文集，第9巻，pp.1-6，2003．
[7] 石野和男，バンダラ ナワラトナ，橋丸大史，玉井信行：集中豪雨による橋梁の被災原因調査解析と対策工，大成建設技術センター報，第39号，pp04.1-6，2006．
[8] 道路橋示方書，wiki/ 道路橋示方書，
　http：//ja.wikipedia.org/wiki/%E9%81%93%E8%B7%AF%E6%A9%8B%E7%A4%BA%E6%96%B9%E6%9B%B8

第3章　橋脚に集積する流木

3.1　実績調査

　流下した流木は，橋梁等の河道内構造物において集積し，構造物自体の損壊や，それに起因する周辺への氾濫で家屋への被害を招来することがある．しかしながら，洪水時の流木等の集積を前提とした構造物の設計，あるいは河道計画，防災計画を立案して対応している例は少なく，集中豪雨が頻発し，急峻な地形が多く，山地崩壊，それに伴う大量の流木の流出が発生する可能性が高い日本において，流木対策を検討しておくことは，危機管理上非常に重要である．

　2003（平成15）年8月，北海道胆振地方の沙流川において，台風10号に伴う降雨により計画高水位を超過する大洪水が発生し，山間部等から大量の流木が発生した．この流木が河道内や橋梁の橋脚等に集積し，橋梁の流出や氾濫等の被害が発生した．この洪水を契機に流木による洪水被害を防止することが河川管理上きわめて重要であることが再確認された．そのような中，沙流川では2006年8月にも前線による降雨によって大量の流木が発生，流下した．この時には大きな災害は生じなかったが，流木による橋梁被害防止対策の基礎資料とするため，洪水後に橋梁橋脚部において実際に集積した流木の性状（径，長さ）や堆積量を調査し，橋梁に集積する流木の性状の把握を試みた[1]．

3.1.1　調査箇所

　2006年8月の洪水においては，沙流川流域の二風谷ダムでは大量の流木が捕捉されていたが，二風谷ダム下流の沙流川本川の橋梁には多数の流木が集積することはなかった．このため，調査対象とした橋梁は，図-3.1に示す二風谷ダムより上流で流木が集積した橋であり，図-3.2に集積状況の例を示す．

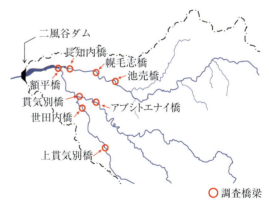

図-3.1　2006年8月，沙流川洪水における橋脚の集積流木調査箇所（出典：渡邊）

（a）沙流川橋梁　　　　　　　　　　　　　　（b）沙流川支川橋梁
図-3.2　2006年8月，沙流川洪水における流木の橋脚への集積（出典：渡邊）

3.1.2　調査方法

橋脚部に集積した流木等について，土砂等も含めてどのようなものが含まれているかを分析した．分類項目は，流木（木片），ワラ，草本類，根，土（粒径2cm未満），礫（粒径2cm以上），ゴミ等である．また，対象とした流木は，長さ1.0m以上かつ直径5cm以上で，長さ，径，樹種を測定した．さらに流木表面の朽ちかけ具合から，新規に発生したもの（新規），過去の洪水で流木化したものが再移動して集積したもの（再移動）に分けた．また，樹種により河畔性樹種（ヤナギ類，ケヤマハンノキ等）と山地性樹種（ハルニレ，ミズナラ等）に大別した．

3.1.3　調査結果

各橋梁における集積物の内訳を図-3.3に示す．図中の数字は各集積物の量をL単位で示した．橋脚部の集積物の構成は，橋梁により大きく異なり，共通するような一般的な傾向は見られない．植物以外の集積物が全体に占める割合は，2～16%程度である．なお，池売橋，アブシトエナイ橋のような上流部では草本類が比較的高い値を示し，沙流川本川の幌毛志橋，長知内橋，額平橋等では木片や土（φ2cm未満）が高い割合で存在している．

各橋梁に集積した流木の大きさを整理したものが表-3.1である．集積流木の平均直径は7.5～12.7cmである．大半は5～11cmのものが多い．また，平均値長は209～473cmであるが，各河川の上流に位置する橋梁では300～500cmと長い．下流に位置する橋梁では300cm以下となっている．このことは，橋梁に集積しやすいと考えられる長い流木は上流で集積し，上流の橋梁をすり抜けた相対的に短い流木が下流の橋脚に集積したとも考えられる．流木の樹種は，表-3.2に示すように山地性樹種（ハルニレ，ミズナラ等）と河畔性樹種（ヤナギ類，ケヤマハンノキ等）の割合は，河川別等による関連性は見られず，橋梁ごとに傾向は大きく異なっている．また，流木化の新旧については，表-3.3から再移動流木（旧）の割合が高いことがわかる．

流木全体の樹種の傾向や新旧の傾向を橋脚に集積したもののみで議論することには問題があ

3.1 実績調査

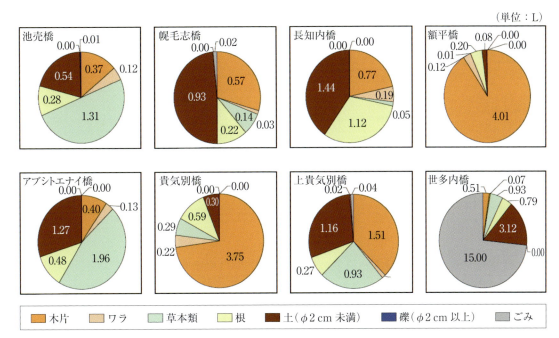

図-3.3 各橋梁における集積物の割合と量（出典：渡邊）

表-3.1 橋脚集積流木の長さと径（出典：渡邊）

河川名	橋梁名	調査対象流木数（本）	長さの平均値（cm）	径の平均値（cm）
沙流川本川	池売橋	87	327.9	12.7
	幌毛志橋	23	219.3	8.8
	長知内橋	63	241.0	9.0
	額平橋	92	208.6	10.5
額平川	アブシトエナイ橋	60	473.0	11.8
	貴気別橋	119	236.5	11.1
貴気別川	上貴気別橋	521	334.8	11.3
	世多内橋	4	260.0	7.5

表-3.2 橋脚集積流木の樹種（出典：渡邊）

河川名	橋梁名	山地性・河畔性の樹種区分が可能な流木数（本）	樹種（割合：%）	
			山地性樹種	河畔性樹種
沙流川本川	池売橋	68	77.9	22.1
	幌毛志橋	12	33.3	66.7
	長知内橋	48	45.8	54.2
	額平橋	51	76.5	23.5
額平川	アブシトエナイ橋	40	45.0	55.0
	貴気別橋	92	45.7	54.3
貴気別川	上貴気別橋	51	76.5	23.5
	世多内橋	4	0.0	100.0

表-3.3　橋脚集積流木の新旧割合（出典：渡邊）

河川名	橋梁名	調査対象流木数（本）	新旧の割合（％）	
			新	旧
沙流川本川	池売橋	87	1.1	98.9
	幌毛志橋	23	0.0	100.0
	長知内橋	63	4.8	95.2
	額平橋	92	4.3	95.7
額平川	アブシトエナイ橋	60	13.3	86.7
	貴気別橋	119	0.0	100.0
貴気別川	上貴気別橋	21	0.0	100.0
	世多内橋	4	0.0	100.0

るが，今回調査した2006年の洪水直前には大災害の2003年洪水が発生しており，橋脚への集積が橋梁の設置位置（上流，下流）と強い関係があることから，橋脚に集積した流木の多くは，2003年洪水で流木化した樹木が再移動したものと判断される[1]．

3.2　現地観測

どのような時にどのような流木がどのような状況で橋梁に集積するかを把握するため，2006，2007（平成18，19）年度に占冠村更生橋（鵡川水系パンケシュル川，図-3.4），2007年度には沙流川の平取町平和橋（図-3.5）において現地連続観測を実施した．観測は，遠隔操作が可能なカメラを用いた流木流下状況観測のほか，非接触式の流速計を用いた流況観測，ならび

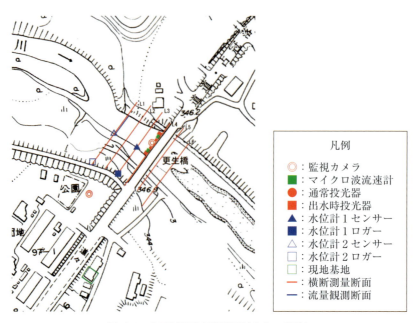

図-3.4　占冠村更生橋観測所（出典：渡邊）

3.2 現地観測

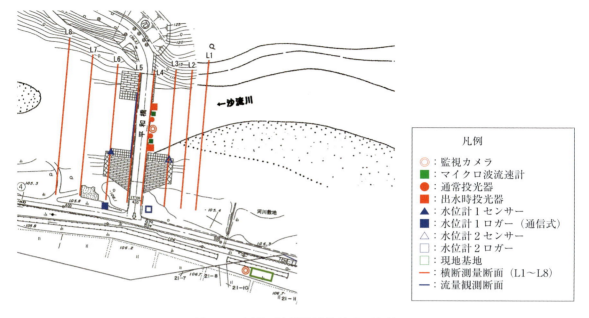

図-3.5 平取町平和橋観測所（出典：渡邊）

に水位の連続観測を行うとともに，流量 - 水位関係式の作成のため出水時には浮子による流量観測を実施した．また，出水前後での河床形状の把握および橋脚への流木集積量を測定した．

3.2.1 監視システム

システムの概要を図-3.6 に示す [3]．出水時の橋脚への流木堆積状況映像と流速，水位の連続データを得るため，現地観測所に監視カメラ2台，非接触型流速計2台，水位計2台（うち1台は通信機能付）を設置した．現地監視カメラで撮影された映像および流速データを観測所

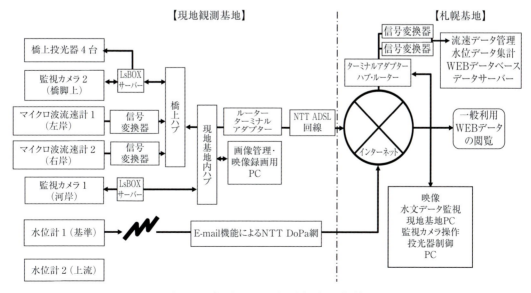

図-3.6 観測システム概要（出典：渡邊）

検舎内のパソコンに保存するとともに，インターネット回線を通じて基地と交信し，基地においても現地状況の確認，記録開始・終了等の遠隔操作が可能なシステムとした．なお，基地は札幌市内に設置した．さらに，水位計の1台は通信型のものを設置し，現地映像，流速，水位のリアルタイム監視が可能なシステムである．なお，2007年はデータ通信速度を高めるため，ISDN回線からADSL回線への変更を行った．さらに，出水時の夜間観測用に投光器を橋脚周辺観測用に設置していたが，広域の観測には不向きであったため，2007年度には川幅前面を照射できる大型の水銀灯投光器を橋上の左右岸に設置した．

3.2.2 監視カメラの操作

流木の監視カメラは，札幌基地内のパソコンで映像を見ながら映像の視野を遠隔操作するとともに，録画設定の変更（平常時；上書き録画，出水時；通常録画）および夜間観測時の投光器の電源操作を行うために用いた．図-3.7は，出水時アングルと出水時照明点灯状況の例を示したものであるが，上4枚の映像は橋梁から離れて設置している監視カメラからのものであり，下2枚の映像は橋梁上に設置した監視カメラからのものである．

図-3.7　出水時アングルと出水時照明点灯状況（右：平和橋，左更生橋，最下段は橋上カメラ，他は河岸カメラ）

［出典：寒地土木研究所（土木研究所）］

3.2.3 観測結果

(1) 観測期間中の降雨，水位状況と出水イベント

2006年と2007年の気象庁アメダス時刻降水量（更生橋はアメダス占冠観測所，平和橋はアメダス仁世宇観測所の観測値を使用した）と各調査地点の時刻水位の変動状況を図-3.8，3.9に，発生した出水イベントの諸元を表-3.4に示す．

2006年の更生橋では，融雪期には4月中旬から5月下旬に融雪に加え降雨を伴った規模の大小を含めた出水が4回，夏期から秋期には降雨による出水が10回程度あった．8月18日か

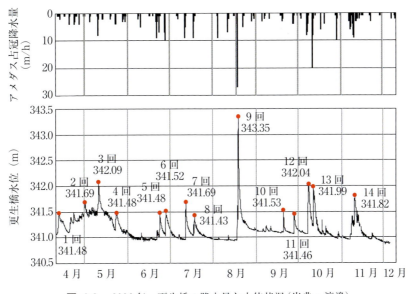

図-3.8　2006年，更生橋の降水量と水位状況（出典：渡邊）

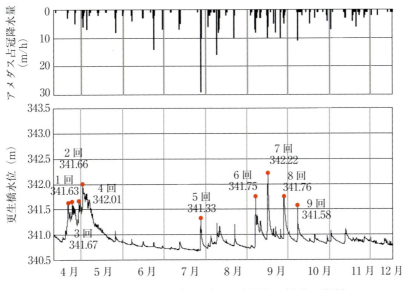

図-3.9　2007年，更生橋の降水量と水位状況（出典：渡邊）

表-3.4 各観測地点における出水イベント（出典：渡邊）

観測所	回	ピーク水位	ピーク水位生起時刻	出水原因	観測所	回	ピーク水位	ピーク水位生起時刻	出水原因
H18更生橋	1	341.48	4月13日09時	融雪＋降雨	H18更生橋	8	341.43	7月18日13時	降雨
	2	341.69	5月01日20時	融雪＋降雨		9	343.35	8月19日04時	降雨
	3	342.09	5月11日08時	融雪＋降雨		10	341.53	9月20日10時	降雨
	4	341.48	5月23日20時	融雪＋降雨		11	341.46	9月28日02時	降雨
	5	341.48	6月23日18時	降雨		12	342.04	10月08日02時	降雨
	6	341.52	6月27日22時	降雨		13	341.99	10月11日13時	降雨
	7	341.69	7月12日10時	降雨		14	341.82	11月10日04時	降雨
H19更生橋	1	341.63	4月21日20時	融雪＋降雨	H19更生橋	6	341.75	9月07日07時	降雨
	2	341.66	4月24日17時	融雪＋降雨		7	342.22	9月16日07時	降雨
	3	341.67	4月29日18時	融雪＋降雨		8	341.76	9月28日04時	降雨
	4	342.01	5月05日16時	融雪＋降雨		9	341.58	10月08日09時	降雨
	5	341.33	7月28日09時	降雨					
H19平和橋	1	101.05	9月07日12時	降雨	H19平和橋	5	101.24	10月08日14時	降雨
	2	102.01	9月16日09時	降雨		6	101.97	11月01日23時	降雨
	3	101.36	9月22日04時	降雨		7	101.14	11月12日22時	降雨
	4	101.92	9月28日08時	降雨					

ら19日にかけては停滞前線による累加降水量201 mm，最大時間降水量27 mmの大雨で，8月19日午前4時には更生橋観測所の最高水位343.35 mを記録し，観測開始後の最大規模の出水であった．

2007年の更生橋では，融雪期の4月中旬から降雨を伴った出水が5月上旬にかけ4回，以降6月から日降水量75 mmがあった7月28日まで出水は見られず，8月も大きな出水はなく，9月に入り降水頻度も増え，10月上旬までに4回の出水があり，観測期間中9回の出水を観測した．2007年の観測の最高水位は9月16日の342.22 mであった．

2007年の新設観測所の沙流川水系平和橋は9月上旬から観測機器の設置が完了し，本格的な観測を開始した．平和橋観測所の沙流川水系は更生橋観測所のある鵡川水系と隣接する水系であり，出水時期も重なることも多い．

観測開始以降の平和橋では，水位変動幅1.5 m程度の出水が2回，0.5 m程度が5回の合計7回の出水を観測した．本年の観測期間中の最高水位は，前日からの降水量73 mmを記録した9月16日で，102.01 mであった．

なお，図-3.10の降水量と水位状況からもわかるように，この観測所は上流に北海道電力岩知志ダムがあり，低水時には発電放流に由来する水位0.5 m程度の日変動を示している．

（2） 出水イベント時の監視映像

図-3.11～3.13に出水イベントで収録した映像から静止画像として抽出した橋脚周辺の状況を示す．写真の左側が橋上カメラの映像，右側が右岸カメラの映像である．これらの映像に現

3.2 現地観測

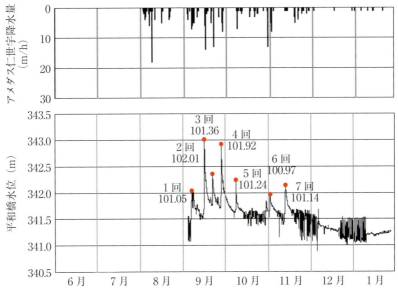

図-3.10　2007年，平和橋の降水量と水位状況（出典：渡邊）

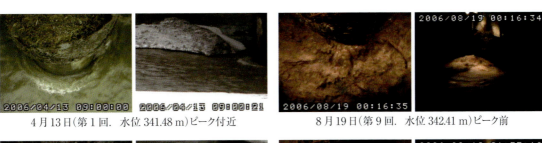

4月13日（第1回．水位341.48 m）ピーク付近　　　8月19日（第9回．水位342.41 m）ピーク前

5月11日（第3回．水位342.04 m）ピーク前　　　8月19日（第9回．水位343.20 m）ピーク直前

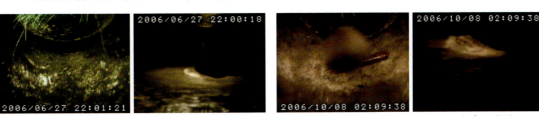

6月27日（第6回．水位341.52 m）ピーク付近　　　10月8日（第12回．水位342.04 m）ピーク付近

7月12日（第7回．水位341.69 m）ピーク前

図-3.11　2006年，更正橋の映像［出典：寒地土木研究所（土木研究所）］

第 3 章　橋脚に集積する流木

9月7日（第6回．水位 341.75 m）ピーク付近

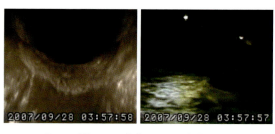

9月28日（第8回．水位 341.76 m）ピーク付近

9月16日（第7回．水位 342.22 m）ピーク付近

図 -3.12　2007 年，更正橋の映像［出典：寒地土木研究所（土木研究所）］

9月7日（第1回．水位 3101.05 m）ピーク前

9月28日（第4回．水位 101.92 m）ピーク前

9月16日（第2回．水位 102.01 m）ピーク付近

図 -3.13　2007 年，平和橋の映像［出典：寒地土木研究所（土木研究所）］

れているように，流木は，種々の大きさや形態のものが橋脚に向かい衝突する，橋脚の両脇をすり抜けて通過する，一時的に橋脚に集積し洪水中に流出する，などが記録されている．平和橋観測所では，既往集積流木を除去せず，そのままの状態で 11 月上旬まで観測を行ったが，その後，水上部の撤去可能な集積流木を撤去して観測を継続した．橋脚への流木集積は，流木監視映像の中では出水中に橋脚に集積し，逐次集積していくような状況は確認されなかったが，図 -3.14 に示すように流木の一時集積が見られている．これは 1 秒ごとのコマ送り画像として，収録した映像から抽出したもので，①は流木の漂着，②が橋脚に捕捉，③は流木が橋脚を中心にバランスを保ち，④は流水抵抗を受けながら橋脚の形状に合わせて撓み始め湾曲している状況で，1 時間 20 分間この状態を保ち，その後に流出した状況が 2006 年 8 月 19 日 11 時

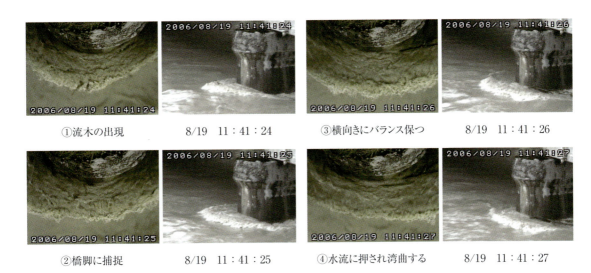

| ①流木の出現 | 8/19 11:41:24 | ③横向きにバランス保つ | 8/19 11:41:26 |
| ②橋脚に捕捉 | 8/19 11:41:25 | ④水流に押され湾曲する | 8/19 11:41:27 |

図-3.14 橋脚に一時的に集積した流木のコマ送り画像(左は橋上カメラ,右は右岸カメラからの映像)
[出典:寒地土木研究所(土木研究所)]

41分から12時01分間に観察された.

(3) 橋脚集積流木量調査

更生橋においては図-3.15, 3.16に示すように,2006年と2007年にそれぞれ融雪出水後と夏期出水後に橋脚における流木の集積が観察されたが,いずれもその後の出水により流出し,継続して集積する状況とはなっていない.このため,2007年は,新設した沙流川平和橋の橋脚において集積していた周辺流木の除去作業に並行し,流木集積量調査を3次元レーザスキャナー装置を使用して行った.

図-3.15 2006年更生橋の出水後の集積流木(左:2006年融雪出水後の沈木,8月出水後の集積流木)[出典:寒地土木研究所(土木研究所)]

図-3.16 2007年更生橋の出水後の集積流木(左:2007年融雪出水後の沈木,9月上旬出水後集積流木)[出典:寒地土木研究所(土木研究所)]

3次元レーザスキャナー計測は,レーザ光を対象物に照射し,短時間に広範囲で高密度の3次元座標データを取得する方法である.取得した3次元データを専用の解析ソフトで処理し,任意の3次元図の表示,解析等を行うことができる.

平和橋観測所の集積流木塊は,図-3.17に示すように高さ約3m,幅約5m,下流側への奥行約10mの規模で根無し・根付き流木,木根,枝,芦,笹等の植物のほか,土木資材の土嚢袋,

大型蛇腹管，ビニルシートが入り混じり，複雑に絡み合って集積した状態であった．この流木塊について，3次元レーザスキャナーによる橋上流の左右岸から流木塊のスキャニングを流木除去作業の開始前と撤去後の2回行い，流木集積量(体積)を計測した．3次元レーザスキャンによって得られた画像を図-3.18～3.22に示す．

図-3.17 平和橋の既往集積流木（2007年）[出典：寒地土木研究所（土木研究所）]

図-3.18 平和橋の3次元画像（2007年）[出典：寒地土木研究所（土木研究所）]

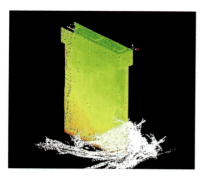

図-3.19 左岸上流方向からの表示[出典：寒地土木研究所（土木研究所）]

図-3.20 右岸上流方向からの表示[出典：寒地土木研究所（土木研究所）]

図-3.21 上流正面方向からの画像[出典：寒地土木研究所（土木研究所）]

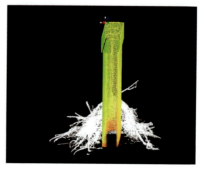

図-3.22 下流方向からの画像[出典：寒地土木研究所（土木研究所）]

図-3.23，3.24は，得られた3次元の座標値と対象の形状を逐次個別の流木塊として簡易処

図-3.23 流木撤去前の橋脚を除去した画像［出典：寒地土木研究所（土木研究所）］

図-3.24 流木撤去後の画像［出典：寒地土木研究所（土木研究所）］

理し，橋脚部分を除去して表示したものである．表-3.5 に，空隙率を考慮せずに橋脚周辺流木の撤去終了時と初期状態の体積の差を求めたものを示した．空隙率を考慮していないため，かなり大きな値となっているが，今回取得した3次元データは，今後の解析において流水断面の3次元表示等の基礎データとしての利用が可能である．

表-3.5 3次元レーザー計測による橋脚周辺の流木容積（出典：渡邊）

初期の容積 (m^3)	21.076
除去終了時の残存容積 (m^3)	0.462
橋脚周辺の流木容積 (m^3)	20.613

※空隙は未考慮

また，同時に行った集積流木の計測結果を表-3.6に示す．橋脚への集積の状況は，長い流木は橋脚を中心に折れるか，撓るかしてとどまり，これに比較的短い流木，葦，笹根等が入り組んで集積し，橋脚前面にできた塚には細かい流木とともに大量の土砂（図-3.25）の集積が見られた．既往の集積流木等は，総重量で約5.4 t，総本数120本，流木長と樹径から算出した堆積は約7.4 m^{3}であった．

表-3.6 平和橋の橋脚辺の集積流木計測結果（出典：渡邊）

種類	項目	本数	湿重量 (kg)	長さ (m)	樹径 (m)	体積 (m^3)
流木	平均	—	43	4.0	0.12	0.060
	最小	—	2	0.8	0.03	0.002
	最大	—	479	14.4	0.80	0.608
	計	120	5,101	—	—	
土砂等	計	—	286			
合計		120	5,387	—	—	7.390

図-3.25 橋脚前面集積流木中の土砂（平和橋）［出典：寒地土木研究所（土木研究所）］

（4）流下流木数の時系列変化

更生橋の各出水時の流下流木数について，2006年と2007年の融雪出水と秋期出水に計測したケースから4例を抽出し，時系列変化図として流下流木数と，流量および水位の関係を示したものが図-3.26，3.27である．また，表-3.7にこれらの流木数のピーク前後の流下本数を集

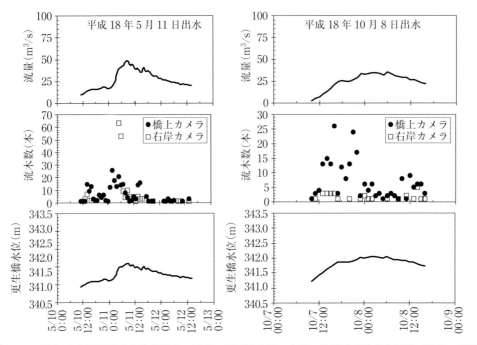

図-3.26　平成18年融雪出水と秋期出水の流量・流下流木数・水位の時系列変化（更正橋）（出典：渡邊）

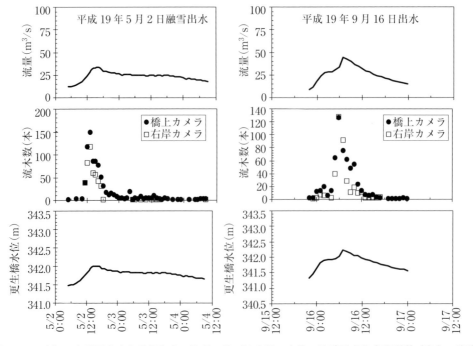

図-3.27　平成19年融雪出水と秋期出水の流量・流下流木数・水位の時系列変化（更正橋）（出典：渡邊）

表-3.7 水位ピーク前後の流下流木数の比較（出典：渡邊）

出水観測年月日		平成18年5月11日		平成18年10月8日		平成19年5月2日		平成19年9月16日	
水位(m)		342.05		341.19		342.01		342.22	
流量(m^3/s)		47.62		30.57		33.40		44.52	
観測カメラ位置		橋上カメラ	右岸カメラ	橋上カメラ	右岸カメラ	橋上カメラ	右岸カメラ	橋上カメラ	右岸カメラ
ピーク前流下流木	本数	197	153	172	20	560	396	336	279
	比率(%)	76	85	77	63	67	89	59	75
ピーク後流下流木	本数	61	25	50	12	5,270	47	237	91
	比率(%)	24	14	23	38	33	11	41	25
計	本数	258	178	222	32	830	443	573	370

計して示す．これにより流下流木本数は，観測した範囲内ではピーク前に6割以上の比率で流下していることがわかる．

矢部，渡邊は，その後も河川における流木集積過程の分析を模型実験，現地河川の観測，数値計算を結合して行った．そして，砂州や高水敷の洪水流の時間的変化と流木の集積，流木捕捉構造物と砂州地形の位相との関係を論じている[2]．

3.2.4 まとめ

2006年，更生橋では4月の融雪期から12月の初冬期の間で，融雪，夏期，秋期において規模の異なる14回の出水を観測し，2007年には大規模な出水はなかったが，合計9回観測した．2007年の秋期から観測を開始した平和橋では，小規模な出水を7回観測し，多数の流木の流下映像を収録した．

更生橋での流木流下状況は，2006年，2007年の両年度とも各出水間で少数の流木が橋脚下部に集積し，その流木が次回の出水で流去し，そして別の流木が集積する一時的な橋脚への流木集積が観測されたにとどまった．

また，水位ピーク前に流木数が増大する傾向が認められ，流木の流下位置の卓越傾向の確認，橋脚に衝突した流木の大部分が左右に分かれて流れる様子，種々の大きさの流木の流下状況が観察された．

一方，平和橋において3次元レーザスキャナー計測を行い，橋脚周辺の詳細な3次元データの取得と流木集積量把握の試みを行い，流木解析方法の新しい手法の端緒を得ることができた．

引用文献

[1] 鈴木優一，渡邊康玄：沙流川での台風10号における流木の挙動，水工学論文集，第48巻，pp.1633-1638，2004．
[2] 矢部浩規，渡邊康玄：流木の堆積－捕捉調査と河道流況特性について，水工学論文集，第52巻，pp.661-666，2008．
[3] 佐藤徳人，渡邊康玄，白井博彰：橋脚周辺における流木の挙動監視調査，河川技術論文集，第13巻，pp.409-414，2007．

第4章　被害形式の分類

　本章ではここまで取り扱った橋梁災害の事例をその特徴によって分類し，被災原因の解明に役立てることを考え，さらに，現地調査や文献の調査から判明した近年の橋梁災害の事例を付け加えている．なお，形式の分類は，今後の技術的対策や制度的対策を考える際にわかりやすい指針となるよう考慮した．

　近年の橋梁災害は河川の上流山間部で発生しており，そこは明瞭な計画高水が定められてはいない区間である．**4.1節**ではちなみに「超過外力」という言葉を用いたが，これは治水計画で用いられる「超過洪水」とは異なる意味合いを持っている．上流山間部は治水計画の対象範囲外であり，そもそも，計画高水が定められていない区間であることを想起してほしい．**表-4.1**では，橋梁上部工が浸水するような想定をはるかに超えた高い水位が出現した場合にこのように表現している．そして，そうした高い水位を引き起こした一つの要因が橋梁に集積した大量の流木であり，この流れにより引き起こされた，設計時に想定した外力を大きく超えた流体力によって上部工あるいは下部工が破壊されている．

表-4.1　橋梁上部工・下部工の被災原因の分類（出典：石野，玉井）

原　因	拡大要因	所 在 地	橋 梁 名	被災状況
河積阻害	橋脚・流木	郡上市高鷲町，長良川水系	下向橋	平成14年災害．水位の堰上げによる迂回流の発生と橋台背後が侵食された．上流側河岸も決壊した．**4章4.2節**参照
	流木	西条市，妙之谷川	妙之谷川橋	周辺地域への洪水氾濫が生じた．**4章4.2節**参照
	迂回流	足羽川	高田大橋	**1章1.1節**参照
	流木	平取町，額平川	幌見橋	橋梁上部工の流出．**1章1.2節**参照
	流木	平取町，額平川	アブシトエナイ橋	橋梁上部工2/4流出．**1章1.2節**参照
	流木	耳川町，耳川	小原橋	橋梁上部工の流出．**2章2.2節**参照
	流木	耳川町，耳川	小布所橋	橋梁上部工の流出．**2章2.2節**参照
	流木	耳川町，耳川	尾佐渡橋	橋梁上部工の流出．**2章2.2節**参照
超過外力	流木	越美北線，足羽川		橋梁上部工の流出．**2章2.1節**参照
	流木	高千穂鉄道，耳川		橋梁上部工の流出．**2章2.1節**参照
	流木	越美北線，足羽川		橋脚の倒壊．**1章1.1節**参照
	流木	高千穂鉄道，耳川		橋脚の倒壊．**2章2.1節**参照
河床洗掘	砂州移動が激しい位置に架橋	静岡市，安倍川	竜西橋	河道屈曲部の水衝部に位置し，過去にも被災している．橋脚の沈下・傾斜が生じ，上部工も破損した．**4章4.3節**参照
	河床洗掘	越美北線，足羽川	第4鉄橋	橋脚の倒壊．**1章1.1節**および**2章2.1節**参照
		伊那市，天竜川	殿島橋	**4章4.3節**参照
		朝来町	新橋	**4章4.3節**参照
		松田町・開成町，相模川	十文字橋	**4章4.3節**参照
		多摩川		**4章4.3節**参照
橋梁取付け道路部	架橋地点で川幅減少	南アルプス市，御勅使川	日入倉橋	架橋地点上流部で護岸が大きく張出し，川幅が減少していた．狭窄部での水位上昇で路肩兼用の護岸が被災した．**4章4.4節**参照
		宍粟市，福地川	津羅橋	

（注）2003年の北海道日高地方の災害では，上記の表には掲載していない多くの橋梁災害が発生している．これらは**1章1.2節**に述べている．

また，橋梁取付け道路部の災害の場合には，単に河川管理者のみではなく，道路管理者も大出水の場合の流れについて理解を深める必要がある．そして，道路は災害時の救援活動においても必要不可欠のものであるので，特に，救援活動の大動脈に位置付けられる重要道路にあっては，一段と高い安全度を確保する必要がある．

4.1 超過外力に起因する被害例

1時間雨量が100 mmを超えるような豪雨の発生が年に数回は見られるようになり，河川整備計画の目標をはるかに超える豪雨も数多く発生している．治水整備計画の目標を大幅に超える豪雨によって引き起こされる水害，土砂害を本書では「超過外力に起因する災害」と呼ぶ．ここでは，そうした豪雨によりひき起された橋梁災害の例をとりまとめる．災害が多発する山間部の渓流では，明確な整備計画が存在しない場合も多い．このような場合には，山地を含む流域での豪雨の再現確率年と，下流平野部の治水計画で目標とされている豪雨の再現確率年を比べればよい．

4.1.1 2009（平成21）年台風9号による兵庫県内の橋梁の被害状況[1]

2009（平成21）年8月9日15時に発生した台風9号は，10日には四国，紀伊半島の沖を北東に進み，11日には東海地方，関東地方の沖を東に進路を変え，13日には日本の東海上へ抜けて熱帯低気圧となった．この台風9号のもたらした湿った空気の影響で，8日から11日にかけて西日本から東日本，東北地方にわたる広い範囲において大雨が発生し，各地で甚大な被害が発生した．このうち，特に9日から10日にかけて発生した豪雨は，兵庫県内播磨北西部から但馬南部にかけて記録的な大雨をもたらし，佐用町を含む兵庫県北西部では，洪水氾濫，がけ崩れ，橋梁の流出等の大被害が発生した．

（1） 鋼製桁の永久変形：赤穂郡上郡町・河野原橋歩道橋

図-4.1，4.2に見られるように，左岸側の前面部の歩道橋鋼製桁が0.35〜1.01 mの高さで永

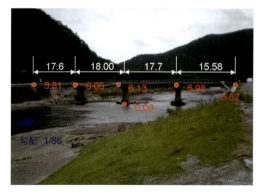 

図-4.1 左岸側の歩道橋鋼製桁の変形状況（出典：石野）　　図-4.2 図-4.1の詳細（出典：石野）

久変形している.

この桁は，左岸側の痕跡水位により水没していたことがわかっている．この状況を加味して変形要因を検討する分析は，**7章7.5節**「付帯設備に作用する流体力」において行う．

（2） 欄干が取付け部から剥がれた橋梁：佐用町・笹ヶ丘橋

この橋梁は2000年に架設された新しい橋梁で，痕跡水位により水没したことが判明している．**図-4.3**に橋梁全体を，**図-4.4**に欄干が取付け部から剥がれた状況を示す.

図-4.4から，欄干の取付け部では，ボルトが塑性変形するとともに，ネジが抜け出ていることがわかる．欄干に作用する流体力に関する考察は，**7章7.5節**で行う．

図-4.3　橋梁全体の状況（出典：石野）

図-4.4　欄干が取付け部から剥がれた状況（出典：石野）

（3） 桁下高が3m以下で流木の集積による側岸家屋の浸水被害：朝来市・神子畑川

図-4.5，**4.6**に桁下高が3m以下で流木の集積による側岸家屋の浸水被害例として，朝来市・神子畑川を示す．

愛媛県における渡邊の調査[2]によると，桁下高が3.0 mよりも低い場合には，流木が堆積すると，河川流が側岸を超えて民家を直撃する被害が生じている．**図-4.5～4.8**は，まさにこの現象を再現した形である．対策としては，橋梁の架け替えがあるが，近年の緊縮財政から，

図-4.5　桁下高が3m以下で流木の集積による側岸家屋の浸水被害（出典：石野）

図-4.6　図-4.5の洪水直後の状況（出典：兵庫県）

第 4 章　被害形式の分類

図-4.7　神子畑川橋の右岸上流．左岸に比べて低く写真下側を洪水が抜けた（出典：石野）

図-4.8　神子畑川橋の下流側．右岸に洪水が抜けて写真右の家屋が損傷・移転（出典：石野）

家屋移転が推奨される．

（4）外岸越水，堤防決壊，畑損傷：宍粟市・揖保川・きさかばし

図-4.9，4.10に，外岸越水，堤防決壊，畑損傷の例として，宍粟市・揖保川・きさかばしを示す．

図-4.9に示すように，外岸が越水し，堤防決壊，畑損傷が生じた．なお，図-4.10に示すように，外岸の堤防は仮復旧されたが，それに伴い水害防備林が伐採されている．本復旧時には，水害に強いケヤキ等[3]を用いた水害防備林の復元が望まれる．

図-4.9　外岸越水，堤防決壊，畑損傷の例（出典：石野）

図-4.10　外岸の水害防備林が伐採されている（出典：石野）

4.1.2　2009年8月台風8号により発生した台湾における橋梁被害[4]

2009年の台風8号（台風名：Morakot）は，8月7日の深夜に台湾北東部に上陸し，その後ゆっくりと台湾を横断し，8月8日の14時頃に台湾を抜けた．その結果，7日から9日にかけて，3日間雨量が3,000 mm弱と世界記録に匹敵する豪雨をもたらした．この豪雨により，中南部を中心として土砂被害や豪雨被害が発生した．図-4.11に8月6日10：00から8月10日

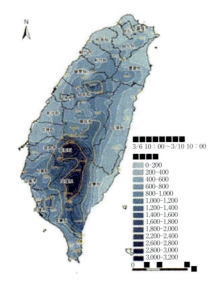
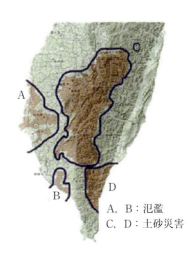

A, B：氾濫
C, D：土砂災害

図-4.11 4日間積算雨量分布（出典：藤田正治[5]）　　図-4.12 南部の主な被災地域（出典：藤田正治[5]）

10：00までの積算雨量分布を示す．また，図-4.12に南部の被害地域を示す．なお，この災害では，総数で80数橋の橋梁が被害を受けたとの報告があるが，未確認である．

本橋梁調査は，図-4.12のC部の北側に位置する台湾の最高峰の玉山を源流とする台湾第2位の河川である高屏峡本川のB部の河口までと，その左右2本の大支川である旗山渓，老濃渓等に架かる29橋（表-4.2）の橋梁の被害を調査し，日本の状況と比較した．表-4.2は，被害状況と原因をとりまとめたものである．

表-4.2 高屏渓流域の29橋梁の被害状況・原因（出典：石野）

被害状況	被害原因	基礎形式	日本比較	数
跡形なし	斜面崩壊，土石流	不明	なし	6
橋台倒壊	岩着弱部	コンクリート	少ない？	5
取付け部流出	取付け部	土堤	あり	4
桁のみ流出	取付け弱部	コンクリート	あり	3
橋脚のみ座屈	基礎弱部	鋼管製	少ない	2
取付けの変形	取付け弱部	鋼製	なし	1
橋脚倒壊	河床低下	鋼製	あり	1

調査した橋梁被害等の特徴について日本の状況との比較結果を以下に示す．

① 今回の水害は上記のように未曾有の水害で，橋梁設計では考慮されていない現象による被害が発生し，その中でも日本では見ることが少ない斜面崩壊や土石流に埋没した橋梁が6橋と多く見られた（図-4.13）．特に，小林村全村を呑み込んだ大土石流は深層崩壊によって生じたものと言われており，3日間で3,000 mmに達する極端に強い豪雨がひき起こす新しい型式の災害として注目された．

② この地域の岩は砂岩，泥岩の軟岩が多く，日本に比べて橋台基礎の岩着部が弱く，これが

図-4.13 4橋が埋没した小林村の災害直後の橋
（出典：石野）

図-4.14 橋台のみが破壊された小支川
（出典：石野）

主要因で壊れた橋梁が5橋と多く見られた（図-4.14．写真の下方に見える巨岩が橋台に衝突して破壊されたと考察された．この橋台以外の橋脚は，砂礫の磨耗を受けていた）．

③ 未曾有の洪水流により河川が拡幅して取付け部の土堤が流出したものが4橋と多く見られた（図-4.15．図-4.13の下流で，左岸側の水が流れる場所は元陸地で，取付け土堤が流出し復旧している）．

図-4.15 取付け部が破壊された橋の状況
（出典：石野）

図-4.16 狭窄部で中央径間のみが流出
（出典：台湾高雄県消防局）

④ 狭窄部で中央径間のみが流出した橋梁（図-4.16．図-4.13と図-4.15の中間に位置する．狭窄部は崩壊土砂がつくったのか埋め立てでできたのかは不明．また，中央径間のみが流出した要因は，狭窄部で中央のみ水位が上昇し，また，流木が集積して桁に作用したことが考えられる）．

⑤ 波状跳水の波峰が吊り橋の桁に作用して流出した橋梁（図-4.17．詳細は**7章7.4節**を参照されたい）．

⑥ 豪雨が止んだ9日の夕刻に発生した天然ダムの崩壊に起因する洪水により被害を被った橋梁［図-4.18．左が上流側で，上流側の欄干と対岸の取付け部が破壊された．また，対岸（左岸）の町が浸水被害を受けた］．

⑦ 桁上にコンクリート版製の高欄が設置され，洪水流の受圧面積が広い橋梁が多く見られ，桁のみが流出したコンクリート製の橋桁が3橋見られた（図-4.19参照）．なお，コンクリー

図-4.17 桁のみが破壊された吊り橋（出典：石野）

図-4.18 取付け部が破壊された橋（出典：石野）

ト製の橋桁は，重量がトラスや合成桁よりも重く，日本では桁のみが流出することは稀である．

⑧ 日本における橋脚は，岩盤において鋼管杭を施工することは稀であるが，台湾では，これが行われていて，鋼管が岩盤（軟岩）から剥れたり，座屈する現象が見られた（**図-4.20** 参照）．

図-4.19 コンクリート桁の流出（出典：石野）

図-4.20 鋼管杭製橋脚の座屈状況（出典：石野）

⑨ 最下流で河積の阻害率が高く，河床低下と洗掘により倒壊したと推察された橋梁が見られた（**図-4.21** 参照）．

⑩ 交通の要衝の重要な橋梁では，早くも復旧工事が始められていた．設計方針が不明であるので考察は不可能であるが，現況復旧では問題がある橋梁が見られた．

以上から，日本でも本洪水相当の洪水が発生すると，斜面崩壊や土石流により埋没する

図-4.21 洗掘等により倒壊した橋梁（出典：台湾成功大学謝教授）

橋梁が多く発生することが危惧され，また，波状跳水のような局所流の予測を加えた桁下高の検討の必要性が示された．

4.1.3　2011（平成23）年7月新潟・福島豪雨における只見川の橋梁被害[6]

　2011（平成23）年7月28日から30日にかけて，前線が朝鮮半島から北陸地方を通り関東の東に停滞し，前線に向かって非常に湿った空気が流れ込んだために大気の状態が不安定になり，新潟県と福島県会津を中心に記録的な大雨となった．この間の雨量は，福島県南会津郡只見町只見で711.5 mm，新潟県加茂市宮寄上で626.5 mm等，それぞれ平年の7月降水量の2倍以上となった．

　2011年7月豪雨により新潟県，福島県で河川橋梁の被害が発生した．本項では，福島県の只見川中流で発生した橋梁被害の調査結果と考察した被害要因および対策案について示す．図-4.22に橋梁被害の調査地点を示す．(1)では只見川本川の滝ダム下流で連続的に発生した道路橋およびJR鉄道橋の落橋を上流から順に調査した内容と，それにより考察した被害要因を示す．その後，(2)において滝ダム上流の被害橋梁を上流から順に調査した結果と，それにより考察した被害要因を示す．また，(3)において被害要因および対策案についてまとめている．

図-4.22　中流で発生した橋梁被害の調査地点［出典（MapFan・Web）に加筆］

（1）滝ダム下流の橋梁被害の調査結果と被害要因

a．田沢橋　田沢橋は，1956年版の道路橋示方書を用いて設計された下路平行弦ワーレントラスである．図-4.23に左岸上流から撮影された被害前の状況を示す．また，図-4.24に調

図-4.23　田沢橋の被災直前の状況（http://tenere.blog.shinobi.jp）

図-4.24　田沢橋の被害状況と計測結果（出典：石野）

査時に右岸から撮影した状況を示す．図-4.24 に示すように，桁高 0.9 m に対して桁下から 1.5 m まで，すなわち，桁が水没した状態において洪水が作用したと測定された．図-4.25 に田沢橋の支承を示す．支承はローラー支承で，横からの荷重には耐えられない設計である．また，元々，洪水の桁への作用は想定外で，図-4.26 に示すような桁の流出状況が発生した．なお，石野らの宮崎県の耳川の橋梁被害調査結果 [7] によると，1980（昭和 55）年以降のトラス橋は，耐震設計法が改定され，支承の強度がアップしている（**2 章 2.2.1 項**参照）．

図-4.25　田沢橋のローラー支承（出典：石野）　　図-4.26　田沢橋の桁の流出状況（出典：石野）

b．JR 第 7 鉄橋　　JR 第 7 鉄橋は，1957 年に開通した上路平行弦ワーレントラスである．図-4.27 に上流から撮影された被害前の状況を示す．また，図-4.28 に調査時に上流から撮影した状況を示す．図-4.28 に示すように，上路平行弦ワーレントラスの桁高は 13.85 m で，桁下から 8.34 m まで，すなわち，桁高の約 60％まで洪水が作用したと推定された．田沢橋と同様，元々，洪水の桁への作用は想定外で，図-4.29，4.30 に示すような桁の流出状況が発生した．

c．二本木橋　　二本木橋は，1954 年に完成した鋼アーチ＋RC 連続ラーメン橋である．図-4.31 に右岸下流から撮影された被害直前の状況を示す．また，図-4.32 に調査時に左岸から撮影した状況を，図-4.33 に調査時に右岸下流から撮影した状況を示す．洪水は，道路面まで

図-4.27　JR 第 7 鉄橋（大塩地区）の被害前の状況　　　図-4.28　JR 第 7 鉄橋の被害状況と計測結果
　　　　（http://bizmakoto.jp/makoto/articles/　　　　　　　　　　　　　　　　（出典：石野）
　　　　1212/28/news003_4.html）

図-4.29　JR第7鉄橋の被害状況（出典：石野）

図-4.30　JR第7鉄橋上流右岸の被害状況
　　　　　　　　　　　　（出典：石野）

図-4.31　二本木橋の被害直前の状況（http://tenere.blog.shinobi.jp）

図-4.32　二本木橋の被害状況と計測結果
　　　　　　　　　　　　（出典：石野）

図-4.33　二本木橋の被害状況（出典：石野）

図-4.34　二本木橋の支承の被害状況（出典：石野）

作用したと推定された．ここで，図-4.34に調査時に右岸から撮影した支承の状況を示す．図-4.34の下面に見えるように，アーチの下部の支承ボルトが折損している．洪水の桁への作用は想定外で，桁の流出する状況が発生した．なお，図-4.32の橋台の上流面に見える黄色い物体は，滝ダムで堆砂を浚渫していた作業台船の残骸とのことである．この残骸は3つに分断され，そのうちの2つは二本木橋で，残りの1つはJR第5鉄橋の下流で発見されている．

d．西部橋　　西部橋は，1956年版の道路橋示方書を用いて設計され，1978年に竣工したランガー橋である．図-4.35に右岸下流から撮影された被害直前の状況を示す．また，図-4.36に調査時に右岸から撮影した状況を，図-4.37に調査時に右岸から撮影した桁の流出状況を示す．洪水は，桁高2.18mの道路面の上1mまで作用したと推定された．ここで，図-4.38に

図-4.35 西部橋の被害直前の状況（http://tenere.blog.shinobi.jp）

図-4.36 西部橋の被害状況と計測結果（出典：石野）

図-4.37 西部橋の桁の流出状況と計測結果（出典：石野）

図-4.38 西部橋の支承の被害状況と計測結果（出典：石野）

調査時に右岸から撮影した支承の状況を示す．図-4.38 に見えるように，直径 30 mm の支承ボルトが折損している．なお，石野らの宮崎県の耳川の橋梁被害調査結果[7]によると，支承ボルト直径 30 mm で橋長×桁高 =65.5 m^2 の山瀬橋は，倒壊しなかった（**8 章 8.1.2 項**参照）．一方，西部橋は橋長×桁高 =267.2 m^2 で，山瀬橋のそれの 4 倍である．このため，山瀬橋の約 4 倍の流体力が作用し，支承ボルトが破断したと考えられる．

e．湯倉橋　湯倉橋は，1964 年版の道路橋示方書を用いて設計されたランガー＋鋼桁橋である．図-4.39 に桁の状況と計測結果を，図-4.40 に支承の状況と計測結果を示す．洪水は，桁高 1.25 m の道路面まで作用したと推定された．また，図-4.41 に上流側の桁の変形の状況

図-4.39 湯倉橋の桁の状況と計測結果（出典：石野）

図-4.40 湯倉橋の支承の状況と計測結果（出典：石野）

を，図-4.42に上流側の桁ウエブ変形の状況を示す．過去の洪水調査では，流木の衝突による桁の変形は見られたが，図-4.41, 4.42に示すような鋭利な桁の変形は見られなかった．鋭利な桁の変形の要因は，上述した台船の残骸の衝突によるものと推察された．

図-4.41　湯倉橋の上流側の桁の変形の状況　　　　　図-4.42　湯倉橋の上流側の桁ウエブ変形の状況
（出典：石野）　　　　　　　　　　　　　　　　　　　　（出典：石野）

f．JR第6鉄橋　　JR第6鉄橋は，1957年に開通した上路平行弦ワーレントラスである．図-4.43に上流左岸から撮影された被害前の状況を示す．また，図-4.44に調査時に上流左岸から撮影した状況を示す．図-4.44に示すように，上路平行弦ワーレントラスの桁高は13.85 mで，桁下から1.84 mまで，すなわち，桁高の約13%まで洪水が作用したと推定された．田沢橋等と同様，元々，洪水の桁への作用は想定外で，図-4.44に示すような桁の流出する状況が発生した．

図-4.43　JR第6鉄橋(本名地区)の被害前の状況(http://bizmakoto.　　　図-4.44　JR第6鉄橋の被害状況と計測結果
jp/makoto/articles/1212/28/news003 3.html)　　　　　　　　　　　　　　　　　　　　（出典：石野）

g．JR第5鉄橋　　JR第5鉄橋は，1957年に開通した上路プレートガーダ＋下路曲弦ワーレントラスである．図-4.45, 4.46に調査時に右岸上流から撮影した状況を示す．図-4.46に示すように，痕跡水位15.15 mは桁下高17.24 mを下回っている．ここでは図-4.46に示すように，右岸側のアバットが河岸侵食により崩壊し，右岸側の上路プレートガーダの流出が発生している．

（2）滝ダム上流の橋梁被害の調査結果と被害要因

a．万代橋　　万代橋は，1938年版の道路橋示方書を用いて設計された只見湖に架かる鋼トラス＋鋼I桁橋である．図-4.47, 4.48に調査時に右岸下流から撮影した状況を示す．図

図-4.45　JR第5鉄橋の被害状況と計測結果
（出典：石野）

図-4.46　JR第5鉄橋の被害状況と計測結果
（出典：石野）

図-4.47　万代橋の被害状況と計測結果（出典：石野）

図-4.48　万代橋の被害状況と計測結果（出典：石野）

-4.48に示すように，右岸側のアバットが河岸侵食により崩壊し，右岸側の上路プレートガーダの流出が発生している．

b．中ノ平橋　中ノ平橋は，只見川左支川に架かる1973年版の道路橋示方書を用いて設計された3径間鋼鈑桁橋である．図-4.49に調査時に右岸下流から撮影した状況を示す．図-4.49に示すように，桁上1.5mまで洪水は作用したが，橋梁本体は流出していない．支承ボルト径を測定していないので明確ではないが，要因は，桁下高が低く，洪水の作用を考慮して設計された支承の強度が高いことと推察された．なお，左右岸橋台背面の洗掘により取付け道路が流出した．

図-4.49　中ノ平橋の被害状況と計測結果
（出典：石野）

c．賢盤橋　賢盤橋は，只見川左支川に架かる1964年版の道路橋示方書を用いて設計された3径間鋼鈑桁橋である．図-4.50に調査時に左岸上流から撮影した状況を示す．図-4.50に示すように，桁上1.0mまで洪水は作用したが，橋梁本体は流失していない．この要因は，支承ボルト径を測定していないので明確ではないが，桁下高が低く，洪水の作用を考慮して設計

された支承の強度が高いことと推察された．左右岸橋台背面の洗掘により取付け道路が流出した．

d．五礼橋 五礼橋は，1980年版の道路橋示方書を用いて設計された只見川に架かる鋼トラス＋鋼I桁橋である．図-4.51, 4.52に調査時に左岸から撮影した状況を示す．図-4.51に示すように，橋梁本体は流出していないが，左右岸橋台背面の洗掘により取付け道路が流出した．橋梁本体は流出していない要因は，新耐震設計法に基づき設計された支承ボルト径が太く，洪水

図-4.50 賢盤橋の被害状況と計測結果（出典：石野）

に耐えたと推察された．なお，東日本大津波による橋梁被害状況の考察[8]では，桁下高の低い橋梁での落橋被害は，桁下高が高い場合よりも少ないことを示している．いまだに明確ではないが，河床の影響により，桁下高の低い場合が桁下高が高い場合よりも流体力が低下することも考えられる．これについて，今後，水理模型実験を用いた検証が必要と考えている．

図-4.51 五礼橋の被害状況と計測結果（出典：石野）　　図-4.52 五礼橋の被害状況と計測結果（出典：石野）

e．蒲生橋 蒲生橋は，只見川に架かる2径間鈑桁＋鋼アーチ橋である．設計年度等は不明である．図-4.53に調査時に右岸下流から撮影した状況を示す．洪水作用高は桁下面である．このため，橋梁本体は流出していないが，右岸橋台背面の洗掘により取付け道路が流出した．

f．峯沢橋 峯沢橋は，1996年版の道路橋示方書を用いて設計された只見川右支川の伊南川の左支川に架かる3径間PCのT桁橋である．図-4.54に調査時に右岸下流から撮影した状況を示す．図-4.54に示すように，右岸橋台の洗掘倒壊により橋梁本体が落下した．橋台の破壊要因は，橋台の図面が未入手で不明である．

g．楢戸橋 楢戸橋は，1962年版の道路橋示方書を用いて設計された只見川右支川の伊南川に架かる鋼I桁橋である．図-4.55, 4.56に調査時に右岸上流から撮影した状況を示す．図-4.55, 4.56に示すように，桁下から0.44 m洪水が作用したが，橋梁本体は流出していない．しかし，上流側に橋脚の傾きが見られた．橋脚の傾きの要因は，橋脚周りの洗掘と推察されるが，橋脚の図面が未入手で詳細は不明である．

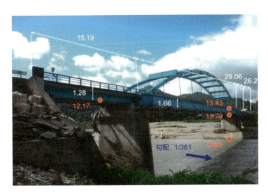

図-4.53 蒲生橋の被害状況と計測結果(出典:石野)

図-4.54 峯沢橋の被害状況(出典:石野)

図-4.55 楢戸橋の被害状況と計測結果(出典:石野)

図-4.56 楢戸橋の被害状況と計測結果(出典:石野)

h．小川橋　小川橋は，1972年版の道路橋示方書を用いて設計された只見川右支川の伊南川に架かる鋼Ⅰ桁橋である．図-4.57～4.60に調査時に右岸上流から撮影した状況を示す．図-4.57，4.58に示すように，橋脚が倒壊し，橋梁本体が流出していた．洪水の作用高は桁下から−2.0 mであり，洪水は桁に作用していない．橋脚の倒壊により橋梁本体が落下した．橋脚の破壊要因は，橋脚の図面が未入手で不明である．

i．花立橋（はなだてばし）　花立橋は，1964年版の道路橋示方書を用いて設計された只見川右支川の伊南川の左支川に架かる3径間RC単純桁橋である．図-4.61に調査時に右岸下流から撮影した状

図-4.57 小川橋の被害状況と計測結果(出典:石野)

図-4.58 小川橋の被害状況と計測結果(出典:石野)

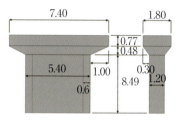

図-4.59 小川橋の橋脚の計測結果（出典：石野）

図-4.60 小川橋の桁の流出状況と計測結果（出典：石野）

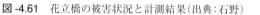

図-4.61 花立橋の被害状況と計測結果（出典：石野）

図-4.62 花立橋の被害状況（出典：石野）

況を示す．図-4.62 に示すように，護床工が流出し，洗掘により橋脚が 0.75 m 沈下していた．

（3）まとめ

表-4.3 に 2011 年新潟・福島豪雨只見川橋梁災害調査のまとめを示す．表-4.3 に示すように，湯倉橋，JR 第 5 鉄橋を除き，只見川本川の滝ダム下流の田沢橋，JR 第 7 鉄橋，二本木橋，西部橋，JR 第 6 鉄橋の各橋梁は，橋梁完成年等が古く，桁への洪水の作用が設計に反映されておらずに倒壊したと考察された．

JR 第 5 鉄橋と万代橋は，橋台への側岸侵食によって落橋した．

中ノ平橋と堅盤橋は，桁下高が低く，洪水の桁への作用を考慮した設計により桁の流出を免れたと考察された．なお，東日本大津波による橋梁被害状況の考察 [8] では，桁下高の低い橋梁での落橋被害は，桁下高が高い場合よりも少ないことを示している．いまだに明確ではないが，河床の影響により，桁下高の低い場合は桁下高が高い場合よりも流体力が低下することも考えられる．このことに関しては，今後，水理模型実験を用いた検証が必要と考えている．

五礼橋は，新耐震設計法により設計された支承の強度が高く，桁の流出を免れたと考察された．

蒲生橋，峯沢橋，楢戸橋，小川橋，花立橋の各橋梁は，橋台や橋脚の洗掘により被害を被ったと推察されたが，詳細は各構造物の図面が未入手で不明である．

表-4.3 2011年新潟・福島豪雨只見川橋梁被害調査のまとめ(出典：石野)

橋梁名	橋梁完成年 (適用示方書成立年)	桁高 (m)	桁下からの流水作用高(m) (桁上からの流水作用高)	被災要因
田沢橋	?(1956)	0.9	(+0.6：桁は水没)	流水作用によるローラー支承からの逸脱破損，桁流失
JR第7鉄橋	1957	13.85	+8.38	流水作用による支点ボルト破断，桁流出
二本木橋	1954(?)	8.0	(+1.0：桁は水没)	流水作用による支点ボルト破断，桁流出
西部橋	1978(1972)	2.18	(+1.0：桁は水没)	流水作用による支点ボルト破断，桁流出
湯倉橋	1973(1964)	1.25	(+0.0：桁は水没)	台船部材衝突による主桁フランジの変形
JR第6鉄橋	1957	13.85	+1.84	流水作用による支点ボルト破断，桁流出
JR第5鉄橋	1957	2.7	−1.84	側岸浸食による右岸橋台崩壊と落橋
万代橋	?(1938)	0.83	−1.0	側岸浸食による左岸橋台の侵食と落橋
中ノ平橋	(1973)	1.45	(+1.0：桁は水没)	左右岸橋台背面の洗掘
堅盤橋	(1964)	1.75	(+1.0：桁は水没)	左右岸橋台背面の洗掘
五礼橋	(1980)	1.49	(+1.0：桁は水没)	左右岸橋台背面の洗掘
蒲生橋	(?)	1.66	−2.0	右岸橋台背面の洗掘
峯沢橋	?(1996)	未調査	?	右岸橋台洗掘による落橋
楢戸橋	(1962)	2.33	+0.44	上流側に橋脚の傾き
小川橋	1975(1972)	1.97	−2.0	岩盤橋脚の剥れ倒壊か？
花立橋	1966(1964)	1.53	(0.0：桁は水没)	洗掘により橋脚0.75m沈下

いずれにしろ，玉井ら[9]，石野ら[10]が提案するように，桁への洪水の作用が設計に反映されていない橋梁では，桁への洪水の作用を設計に反映し，それに耐えうる支承の補強による対策が望まれる．また，橋脚の洗掘，沈下に関しては，石野ら[11]の成果も踏まえた検討が望まれる．

4.1.4 2011年(平成23)年台風12号による三重県宮川における橋梁被害

2004年に福井県足羽川で発生した洪水による落橋を現地調査して以来，毎年のように起こる洪水による落橋を現地調査し，作用外力と支承の耐力を比較してきた．本項では，今まで調査されなかった土石流による落橋の現地調査結果と土石流により形成された土砂ダムによる被害状況および撤去状況を報告する[12]．

（1） 2011年の台風12号時の災害概況

2011年9月，高知県に上陸し，四国から中国地方を縦断した台風12号は，紀伊半島に豪雨をもたらした．この豪雨は，2009年，台湾南部における台風Morakotによる深層崩壊に伴う大規模土砂崩壊(**4.1.2項**参照)と同様の被害を奈良県と和歌山県にもたらした．17箇所の土砂ダム（河道閉塞）が発生し，マスコミで大きく報道された．その一方，この台風12号により三重県大台町宮川では，8月30日から9月6日までにアメダス計測値で2番目に多い降水量1,620.5 mmがもたらされ，持山谷で土石流およびそれに起因した土砂ダムと落橋が発生した．この降水量は，年間降水量平均値3,147.5 mmの61％に相当する．当地の過去の1時間雨量

の最高値は 139 mm で，2004 年 9 月に発生した（2011 年 9 月の時間雨量最高値は 89 mm で 4 位）．2004 年 9 月には，宮川中流の三瀬谷ダムで既往最高流量が観測されるとともに，持山谷において土石流が発生している．

（2）　岩井地区持山谷で発生した土石流と，それに起因した土砂ダムの発生・撤去と落橋状況

　調査は，土石流発生 1 ヶ月後の 10 月 3 日に行われた．図 -4.63 に岩井地区と本川である宮川上流の宮川ダムの位置図，図 -4.64 に岩井地区の詳細図，図 -4.65 に岩井地区の被災前の航空写真を示す．図 -4.64 に示すように，持山谷は宮川の右岸にほぼ直角に合流する．落橋した持山橋は，持山谷の最下流に位置している．岩井地区本郷の集落は，宮川左岸の合流点上下流に分布している．図 -4.65 には持山橋の上流に谷止工が見える．9 月 4 日，雨が止んでいた夕刻に土石流は発生した．この土石流により持山谷の谷止工の袖部と堤体の一部が破損するとともに，その下流の持山橋が流出した．図 -4.66 に宮川の左岸から見た持山谷を，図 -4.67 に流出した道路合成桁橋の鋼桁を，図 -4.68 に宮川左岸に乗り上げた岩塊を示す．土石流の一部は，

図 -4.63　岩井地区と宮川ダム位置図
（出典：MapFan・Web）

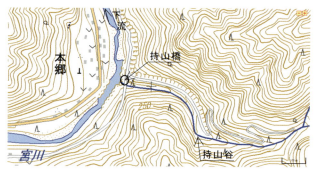

図 -4.64　岩井地区詳細図（出典：ネット）

図 -4.65　岩井地区の被害前の航空写真
（出典：Google Maps）

図 -4.66　宮川の左岸から見た持山谷（出典：石野）

本川である宮川の河床から約 10 m 上の道路および民家に被害を発生させるとともに，宮川を堰き止め，土砂ダムが発生した．なお，住民の機転により人命は守られた．一方，岩井地区上流では，土砂ダムにより道路上約 1.5 m の深さの河川水が逆流し，民家の生垣およびブロック塀の一部を破壊した．図 -4.69 に土砂ダム上流の逆流により壊れた生垣およびブロック塀を，図 -4.70 に土砂ダム上流の河床に堆積した細粒分を，図 -4.71 に土砂ダム本体を掘削する重機を示す．

ヒアリングによると，土砂ダム発生後の翌早朝から，地元の建設会社が道路上を片付けるとともに，上流の宮川ダムの放流量調節を受けながら，土砂ダム本体の土砂の撤去を始めたとのことである．図 -4.72 は，インターネットを通じて入手した土砂ダム上流にある宮川の水位観測所の 9 月 21～22 日の水位データである．21 日の 12：00 から 22 日の 1：00 にかけて水位が約 0.9 m 低下するのに対して，その後の 1：00 から 9：00 にかけて水位

図 -4.67　流出した道路橋の桁（出典：石野）

図 -4.68　宮川左岸に乗り上げた岩塊（出典：石野）

図 -4.69　土砂ダム上流で壊れた塀（出典：石野）

図 -4.70　土砂ダム上流河床の細粒分（出典：石野）

図 -4.71　土砂ダム本体を掘削する重機（出典：石野）

が約2m低下している．これらの水位低下の要因は調査中である．図-4.67に示したように，持山橋は，桁下高約14mの合成桁の道路橋で約50m押し流されていた．橋の中央に存在していた橋脚は，土石流に埋もれたようで発見されていない．橋台周辺の樹木の繁茂状況から，土石流の先端は桁には作用せず，橋脚を押し倒し，桁を押し流したと考察された．

なお，岩井地区の土砂ダムから人命は守られたが，民家に被害が発生し，地元業者等による懸命な土砂ダムの撤去作業が行われた．しかし，マスコミでは大きく報道されていない．

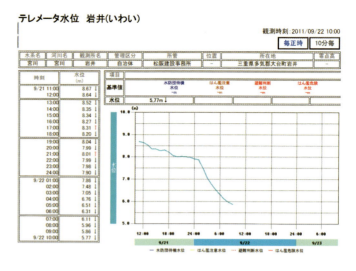

図-4.72 土砂ダム上流の9月22日の水位データ(出典：三重県ネット配信情報)

4.2 河積阻害に起因する被害例

4.2.1 下向橋の被害

下向橋は岐阜県郡上市高鷲町鮎立に位置し，1957(昭和32)年に建設された長さ64.0mの橋であった．2002(平成14)年の台風6号と前線による豪雨は郡上付近で最大日雨量398 mmに達し，橋が被害を受けるとともに，周辺の護岸が倒壊する被害を受けた．既存の下向橋は，5基の橋脚を有していたために河積阻害率が10％に達しており，橋梁の上流部で約1.1 mの堰上げが生じた．そのため桁が没水して，湾曲部の外岸への迂回流が生じ，右岸側の橋台背後の地盤が侵食された．その結果，さらに右岸側への流れの集中が起こり，橋梁上下流にわたり約200 mの護岸が倒壊したものである［図-4.73(a)参照］．

復旧計画の方針としては，50年確率高水流量を定めることとし，流下能力は450 m³/sから700 m³/sに引き上げられた．これに伴い，河川等災害特定関連事業により橋梁の架け替えが行われ，河積阻害率は3.5％(橋脚1基)に改善された．新しい計画高水位と橋桁下端との余裕は1.0 mである［図-4.73(b)参照］．

4.2.2 妙之谷川の橋梁の被害

2004(平成16)年の台風21号に際し，愛媛県東予地域では降雨量が250〜350 mmに達した．

妙之谷川では，上流各所で発生した斜面崩壊によって多量の流木が生産され，西条市小松町において妙之谷川の橋梁の橋脚に流木の集積（図-4.74）が生じた．妙之谷川の橋梁付近の河床

4.2 河積阻害に起因する被害例

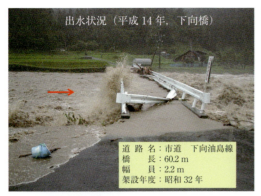

（a）被害状況写真

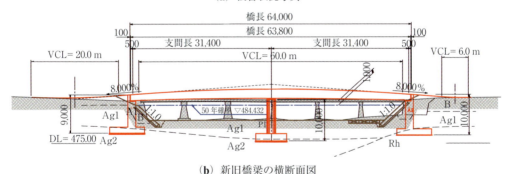

（b）新旧橋梁の横断面図

図-4.73 下向橋の断面図および被害状況写真（出典：岐阜県）

勾配は 1.5/100 と急であるため，氾濫水は高速であり，両岸の多くの家屋が倒壊する被害を受けた．

藤森ほか [13] は，妙之谷川の橋梁付近を対象に流出解析を行い，河道内の流れの解析では，流木を含まない通常の流れであれば，氾濫が起きるような水位には到達しなかったと推定している．しかし，橋脚への流木の集積とその上流に堆積した

図-4.74 妙之谷川の橋梁の流木集積状況
（出典：藤森祥文他 [13]）

土砂（図 -3.25，4.74 参照）により流れが大きく阻害され，橋の近傍で水位が上昇したと推測される．その結果，この湛水部に流入する上流からの流れが跳水を起こし，流速の大きな氾濫水が住宅地に流れ込んだと考えられる．急勾配の中小河川においては，こうした災害に注意する必要がある．

4.3 河床洗掘に起因する被害例

4.3.1 竜西橋の被害

竜西橋は，静岡県の主要地方道井川湖御幸線が安倍川を渡河する位置に 1935（昭和 10）年に架橋された古い橋で，橋長 420 m，20 径間であった．2002（平成 14）年 7 月，台風 6 号によってもたらされた連続雨量 469 mm に及ぶ豪雨により 1 級河川の安倍川が増水し，河床の洗掘により 5 基の橋脚が沈下・傾斜し，上部工が破壊された．また，その周辺の橋脚に変位が伝わり，数基の橋脚が傾斜する被害が発生した［図 -4.75（a），（b）］．洪水の最高水位は，警戒水位を

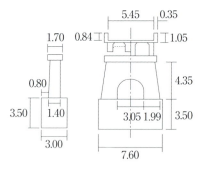

（a）竜西橋の旧橋脚の標準断面

（b）竜西橋の橋脚沈下状況

（c）新橋架橋計画イメージ図

図 -4.75　竜西橋の被害と復旧計画（出典：静岡県）

0.21 m 上回っていたが，桁下には十分余裕があった．竜西橋は河道屈曲部に位置するため，過去にたびたび被害を被ってきた経緯がある．

旧橋は河床変動が大きい水衝部にあり，19 基の橋脚による河積阻害率は 6.8 % であった．被害範囲が広く，また，旧橋の設置位置は，河川管理上からは不利であるので，原形復旧による機能回復を図るより新橋梁への架け替えが望ましいこととなった．

新橋梁は，架橋地点を流れが横断面の中でより一様な分布に近づく湾曲部の出口に設定し，架橋地点を 250 m 下流へ移動することとなった．橋長は 364 m（約 60 m 短縮），橋脚数は 7 基で，河積阻害率は 3.2 % に減少した［図-4.75 (c)］．

4.3.2 殿島橋の被害

2006 年 7 月 15～24 日にかけて九州から本州に延びた梅雨前線の活動が活発になり，7 月 15～19 日までの長野県内の総降水量は，中部，南部の一部で 400 mm を超えるなど，この期間だけで 7 月の月降水量平年値の 2 倍前後になる地点が多数見られた．この記録的な豪雨により，諏訪湖は平常時と比べ水位が約 1.60 m も上昇し，湖周辺で 2,541 戸に及ぶ家屋浸水被害が生じ，19 日午前には天竜川が長野県箕輪町で破堤し，岡谷市では数箇所で土石流が発生するなど，各地に大きな被害をもたらした[14,15]．

殿島橋は天竜川に架かり，1961（昭和 36）年に建設された延長約 220 m，幅員 6 m の橋であった．1991（平成 3）年に上流に春近大橋が完成した後は，歩行者専用として使われていた．梅雨前線の影響で通行止めになっていたが，河床洗掘が生じたと考えられ，7 月 20 日に橋脚の一部が沈下した（図-4.76）．長野県では，老朽化した殿島橋の架け替えについて検討するワークショップをこの年の 7 月上旬に開いたばかりだったと報道されている[16]．

図-4.76 殿島橋被害状況（県道沢渡高遠線．長野県伊那市）（出典：長野県）

4.3.3 兵庫県朝来市・新橋の被害

2009 年，台風 9 号の影響で，佐用町，宍粟市，朝来市等で猛烈な雨が降り，佐用町では総雨量が 300 mm を超えた．朝来市新井では，砂礫床河川における浸透洗掘により新橋の橋脚が沈下し，橋梁が損傷を受けている［図-4.77 (a)］．図-4.77 (b) から，新橋は流木の集積により没水したと判断される．

旧橋は橋脚が 7 基あり，河積阻害による流下能力の不足も推定される．この点も考慮し，新橋梁は橋脚 1 基で建設されている[17]．

このような橋梁の事前対策としては，図-4.78[11] に示すような矢板および充填工による根入れ深さの増強と洗掘防止工の施工が挙げられる．

（a）洪水後の新橋（出典：石野）　　　　　　　（b）洪水中の新橋（出典：兵庫県）

図-4.77　砂礫床河川における浸透洗掘による橋脚の沈下

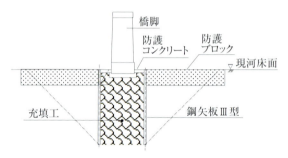

図-4.78　矢板等による根入れ深さの増強と洗掘防止工の施工状況（出典：石野和男他 [11]）

4.3.4　十文字橋の被害

2007年9月の台風9号災害では，今までに観測例が少なく研究例が見られない洪水中の橋脚の沈下現象が，神奈川県西部の酒匂川に架かる十文字橋で発生した．十文字橋は，酒匂川の10.7 km 地点に位置し，約 500 m 下流に下ると十文字床止を経て川音川が左岸側から合流している（**図-6.36** 参照）．左支川川音川が合流した後には，2.6 km 地点で右支川狩川が合流するまでの約 7.5 km の区間はほぼ直線的な河道である．狩川が合流する付近で小さく左に湾曲し，相模湾に流れ込んでいる．十文字橋は，大きな湾曲の終端付近に位置し，十文字橋から狩川が合流するまでの区間はほぼ直線的な河道で，典型的な単列砂礫州が形成されている．砂礫州が形成され，維持されている河道では，上流から移動してくる砂礫が砂礫州の区間に供給され，直線部分では砂州が徐々に下流へ移動することが知られている．砂州の形状を定める支配的な流量は年に一度の洪水規模であることから，これより大きな規模の出水では砂州の移動が生じると考えられる．台風9号による出水は10年に1度の規模と推定され，砂州が移動，変形したと考えるのが妥当である．

図-4.79 に十文字橋平面図・側面図 [18] を示す．**図-4.79** に示す橋梁の形状および平面図のP3〜P6 の橋脚周辺の護床工は，被災前の状況を示す．なお，河床面は被災後に測量した値で

4.3 河床洗掘に起因する被害例

ある．このように，被災した P5 橋脚の基礎は，砂礫上に設置された直接基礎である．

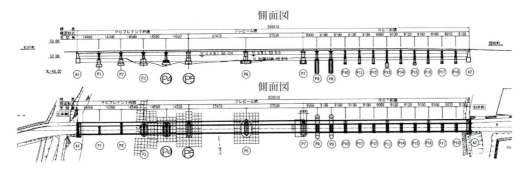

図-4.79　十文字橋平面図・側面図（出典：神奈川県松田町・開成町[18]）

図-4.80 に被災した十文字橋 P4, P5 橋脚の被災状況側面図[18]を示す．図-4.80 中の赤い実線は被災後の測量値を，赤い破線は神奈川県等が推定した最大洗掘深の推定値を示す．また，P5 橋脚が約 2.69 m 沈下し，下流に 1.22 m 移動した．

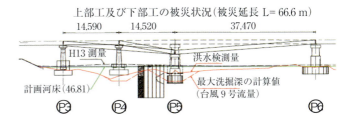

図-4.80　被災した十文字橋 P4, P5 橋脚の被災状況側面図（出典：神奈川県松田町・開成町[18]）

図-4.81 に被災後に調査した P4 橋脚の基礎の設置状況平面図[18]を示す．図-4.81 の赤い部分は洗掘により基礎下が空洞になった部分を，グレー部分は基礎が砂礫面に接地している部分を示す．このように，P4 橋脚の上流左岸側の全基礎平面積の約 1/4 部分は空洞になったが，沈下等の変状は見られなかった．

P4 橋脚基礎の根固めブロックは，下流左岸側のブロックを除いて流出した．また，P5 橋脚基礎の根固めブロックは，すべて流出した．

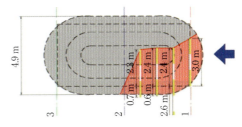

図-4.81　被災後に調査した P4 橋脚の基礎の設置状況平面図（出典：神奈川県松田町・開成町[18]）

図-4.81 中の，グレーの基礎が砂礫面に接地している部分が洗掘を受けなかった要因は，下流左岸側のブロックが流出せずに洗掘を防いだことが挙げられる．沈下した P5 橋脚の中央部で被災後に実施されたボーリング地質調査結果によると，沈下した橋脚のコンクリート部の下に 0.6 m の層厚の礫混じり細砂が見られる．この層は，「非常に不均質で乱れた細砂からなる．含水量が多く，非常に緩い」と表現されている．「含水量が多く，非常に緩い」ことから，基礎下の砂礫層の細粒分が吸い出されて，基礎が沈下したことが推察された．

4.3.5　多摩川における橋梁被害

（1）　2007（平成19）年の台風9号時の被害概況

2007年8月29日に南鳥島近海で発生した台風9号（FITOW）は，父島の北の海上を西進し，その後，進路を北寄りに変えて9月7日午前0時前に静岡県の伊豆半島南部に上陸した．その後，台風は神奈川県西部を通過し，関東，東北地方を北上し，9月8日午前1時前北海道函館市付近に再上陸した後，日本海で温帯低気圧へ変わった．この台風により，特に関東各地は豪雨に見舞われ，多摩川上流の小河内雨量観測所では降り始めの5日0時から7日24時までの総降雨量は683 mmを記録するなど，多摩西部を中心に400 mmを超える豪雨となった[19]．

この降雨は，石原地点上流の流域平均2日雨量で見ると373 mm/2日となり，概ね40年に1度の豪雨であった．この雨により多摩川の調布市石原水位観測所においては，氾濫危険水位の5.2 mをしのぐ最高水位6.02 m（戦後第2位の高さ）を記録した．

本項では，JR東日本の戦前に建設された橋脚の基礎部での被害・復旧状況と台風9号出水により多摩川水系で唯一倒壊した支流南秋川の橋梁の被害状況を示す．なお，図-4.82に調査した橋梁の位置図を示す．

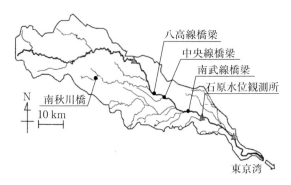

図-4.82　調査した橋梁の位置図［出典（京浜河川事務所）に加筆］

（2）　JR東日本の戦前に建設された橋脚の基礎部での被害・復旧状況

多摩川には，道路橋，JR鉄橋，民鉄鉄橋が多数架っている．この中で，JRの橋梁は9橋が存在する．戦前に架設され現存する橋梁は，古い順に南武線（1929年竣工），中央線（1930，1938年竣工），八高線（1931年竣工）の3橋が挙げられる．これらの3橋の中で，上流から八高線（河口から約44 km地点），中央線（河口から約40 km地点），南武線（河口から約32 km地点）の3橋の損傷および復旧状況を調査した．

表-4.4～4.6に各橋梁の比較表を示す．表-4.4に示すように，各橋梁の被害は，主に低水護岸付近に見られた．以下に，各橋梁の被害・復旧状況を示す．

a．八高線の多摩川橋梁の損傷および復旧状況　　図-4.83に八高線橋梁の低水路護床工を示す．この写真に見られるように，低水路内の橋脚は，低水路内全幅にわたり，上流側に脚長径（3.76 m）の1.13倍（4.23 m），下流側に脚長径の3.15倍（11.48 m）の長さで，約1.8 m正方，厚さ0.45 m（空中重量3.4 t）のコンクリート板が敷き詰められていた．なお，橋脚周辺では，上流側に脚長径（3.76 m）の0.69倍（2.6 m），下流側に脚長径の0.84倍（3.1 m）の長さで，脚短径（2.3 m）方向に1.37倍（3.15 m）の楕円の一体のコンクリート板が打設されていた．

コンクリート板の上流端は基岩に埋め込まれる状態で施工されているため，コンクリート板

4.3 河床洗掘に起因する被害例

表-4.4 多摩川橋梁の比較（八高線）（出典：石野）

橋梁名	多摩川橋梁
空中写真 （出典：京浜河川事務所）	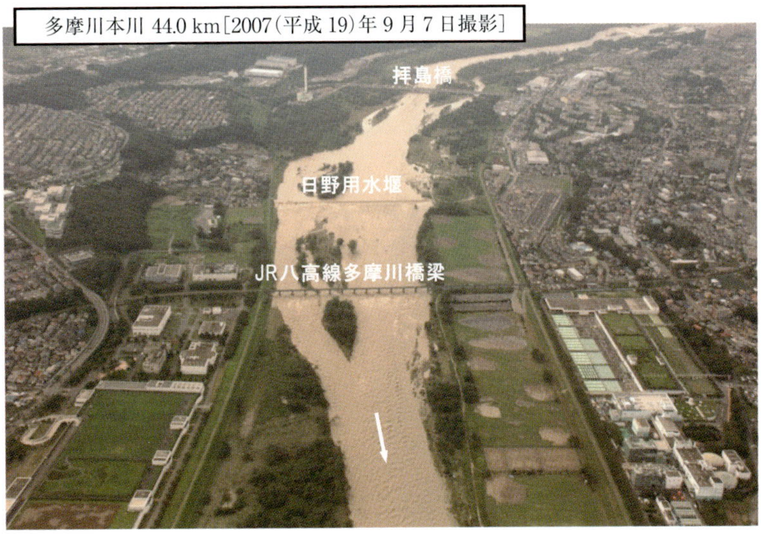 多摩川本川 44.0 km［2007（平成19）年9月7日撮影］ 拝島橋／日野用水堰／JR八高線多摩川橋梁
2次元平面流れ解析結果 （出典：京浜河川事務所）	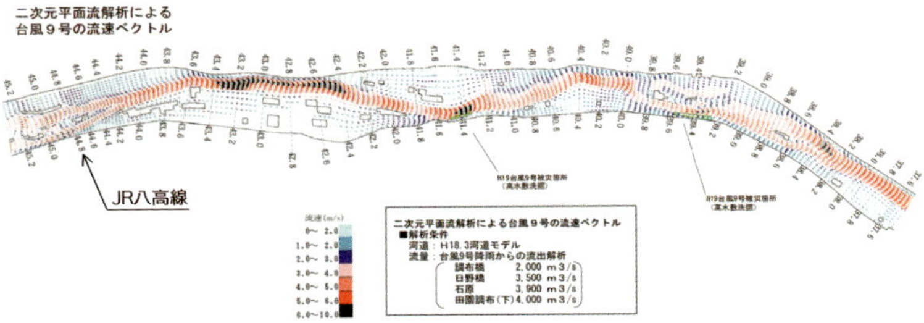 二次元平面流解析による台風9号の流速ベクトル／JR八高線
河川勾配	1/200
低水路の幅・高さ	幅：240 m 高さ：2.8 m
痕跡水深	3 m（高水敷水深 0.2 m）
洪水前の低水路工	右岸：なし 河床：コンクリート板 左岸：なし
低水路工の損傷状況	両岸の取付け部のコンクリート板が一部剥がれ，基岩が部分的に侵食された
低水路工の復旧状況	未復旧
比較考察	3橋梁の中で，最も上流に位置し，河川勾配も急であるが，低水路幅が広い．また，低水路の河床は，コンクリート板で保護されている．これらから，損傷度は最も低い

第 4 章　被害形式の分類

表 -4.5　多摩川橋梁の比較（中央線）（出典：石野）

橋梁名	多摩川橋梁
空中写真 （出典：京浜河川事務所）	多摩川本川 40.0 km［2007（平成 19）年 9 月 7 日撮影］ JR中央本線多摩川橋梁／立日橋／日野橋
2次元平面流れ解析結果 （出典：京浜河川事務所）	二次元平面流解析による台風9号の流速ベクトル／JR中央線
河川勾配	1/300
低水路の幅・高さ	幅：105 m 高さ：2.5 m
痕跡水深	4 m（高水敷水深 1.5 m）
洪水前の低水路工	右岸：コンクリート護岸 河床：コンクリートブロック 左岸：なし
低水路工の損傷状況	右岸：間詰め石流出 河床：下流ブロック流出 左岸：一部分侵食
低水路工の復旧状況	右岸：現況復旧 河床：現況復旧 左岸：篭マット
比較考察	流れは右岸に向いていて，高水敷の橋脚が軽微な洗掘を受けている．また，低水路の幅は南武線とほぼ等しく，低水路左右岸が一部侵食されている

4.3 河床洗掘に起因する被害例

表-4.6 多摩川橋梁の比較（南武線）（出典：石野）

橋梁名	多摩川橋梁
空中写真 （出典：京浜河川事務所）	
2次元平面流れ解析結果 （出典：京浜河川事務所）	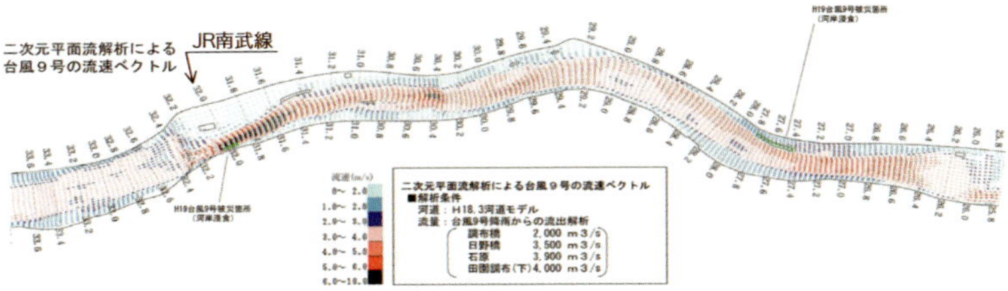
河川勾配	1/300
低水路の幅・高さ	幅：110 m 高さ：4.5 m
痕跡水深	6 m（高水敷水深 1.5 m）
洪水前の低水路工	右岸：コンクリートブロック 河床：なし？ 左岸：コンクリートブロック
低水路工の損傷状況	右岸：一部分侵食 河床：河床洗掘？ 左岸：一部分侵食
低水路工の復旧状況	右岸：なし 河床：ブロック平積 左岸：なし
比較考察	狭窄部で流れは右岸に向いている．また，低水路の幅は南武線とほぼ等しく，低水路左右岸が一部侵食され，橋脚基礎の露出高が最も大きい

に作用する流体力は小さい．このため，今洪水に宿河原堰で見られた上流側ブロックの損傷のような損傷は発生しなかったと考察された．また，図-4.84，4.85に示すように，低水路の左右岸取付け部のコンクリート板が一部分剥がれていた．なお，これらの損傷は未復旧である．

b．中央線の多摩川橋梁の損傷および復旧状況

図-4.86に右岸高水敷上の橋脚の洗掘状況を，図-4.87に右岸高水敷上の上流側橋脚の洗掘状況を，図-4.88に右岸高水敷上の下流側橋脚の洗掘状況を，図-4.89に右岸高水敷上の橋脚の下流側の布団篭の変形状況を示す．

図-4.83　左岸上流から見た八高線の多摩川橋梁の低水路護床工（出典：石野）

図-4.84　上流から見た右岸側のブロック剥れ状況（出典：石野）

図-4.85　下流から見た左岸端のブロック剥れ状況（出典：石野）

図-4.86　右岸高水敷上の橋脚の洗掘状況（右岸上流から見る）（出典：石野）

図-4.87　右岸高水敷上の上流側橋脚の洗掘状況（橋脚上流側から見る）（出典：石野）

表-4.4の空中写真に見られるように，上流で流れは湾曲して右岸側に向いている．なお，高水敷での最高水深は，1.5m程度と計測された．

図-4.86，4.87に見られるように，右岸高水敷上の上流側の橋脚では，橋脚短径（3.4m）に

図 -4.88 右岸高水敷上の下流側橋脚の洗掘状況（右岸側側面から見る）（出典：石野）

図 -4.89 右岸高水敷上橋脚下流側の布団篭変形状況（右岸側上流から下流を見る）（出典：石野）

対して 0.43 倍（1.5 m）の深さに洗掘されていた．また，図 -4.88 に見られるように，右岸高水敷上の下流側の橋脚では，橋脚径（2.3 m），基礎径（3.0 m）に対して，それぞれ 0.57，0.43 倍（1.3 m）の深さに洗掘されていた．さらに，この洗掘は，厚さ 0.6 m の布団篭を引き剥がす形で発生していた．なお，これらの洗掘は基礎を脅かす深さ（JR 採用の最大洗掘深：橋脚径 1.65 倍程度[20]）までは発生していなかった．

図 -4.89 に示すように，右岸高水敷上の橋脚の下流側の布団篭は，橋脚径（2.3 m）の約 1.04 倍（2.4 m）の波長で約 10 波長（24 m）下流まで変形していた．一方，これらの洗掘，変形は，現況復旧された．

図 -4.90 に護床工の中央部下流側の損傷状況を，図 -4.91 に左岸側低水岸の侵食状況を，図 -4.92 に左岸側低水岸の侵食により現れた護床工の端部の状況を，図 -4.93 に左岸側低水岸の侵食により現れた橋脚基礎部を示す．

図 -4.90 に見られるように護床工の中央部下流側のブロックが一部分流出する損傷を受けたが，それより上流の護床工の流出，変形は見られなかった．図 -4.91〜4.93 に示すように左岸側の低水岸は侵食を受け，図 -4.92 に見られるように侵食により護床工の端部が洗われ，図

図 -4.90 護床工の中央部下流側の損傷状況（右岸側下流から見る）（出典：石野）

図 -4.91 左岸側低水岸の侵食状況（低水路内の上流から見る）（出典：石野）

図-4.92 左岸側低水岸の侵食により現れた護床工端部（左岸側上流から見る）（出典：石野）

図-4.93 左岸側低水岸の侵食により現れた橋脚基礎部（左岸側下流から橋脚下流面を見る）（出典：石野）

-4.93に見られるように侵食により橋脚基礎部が現れた．なお，この部分の上流の川床には軟岩が露出するとともに，橋脚基礎の洗掘深は，護床工天端から1.5m程度であり，基礎の安定を脅かすまでは侵食されていなかった．

図-4.94に低水路内の護床工中央部下流側の損傷の現況復旧状況を，図-4.95に左岸側の侵食部に篭マットを用いて防護した状況を示す．

図-4.94 護床工中央部下流側の損傷の現況復旧状況（出典：石野）

図-4.95 左岸侵食部に篭マットを用いた防護状況（出典：石野）

c．南武線の多摩川橋梁の損傷および復旧状況 図-4.96に右岸側の高水敷上の橋脚の状況を，図-4.97に右岸側の護岸の侵食状況を示す．

図-4.96に示すように右岸側の高水敷上の橋脚には，顕著な損傷は見られない．この要因としては，橋脚を被覆する地盤高が低く，低水護岸にブロックの乱積みが設置され，ブロックが流速の加速を抑えていることが推察される．なお，低水部の橋脚は，2本の円柱で基礎につながれていて，2本の円柱間は隙間がある．河川管理施設等構造令[21]では流木が詰まるなどの理由で橋脚内の隙間の存在を推奨していない．今後はこの隙間を埋めるコンクリートの施工が

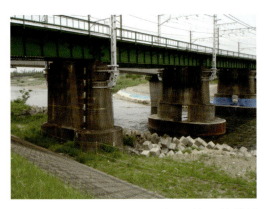 

図-4.96 右岸側の高水敷上の橋脚の状況（右岸側上流から見る）（出典：石野）　　図-4.97 右岸側低水護岸の一部分侵食状況（左岸側下流から見る）（出典：石野）

望まれる．

　図-4.97に示すように橋脚側面のブロックの下流側の端部が一部侵食されていた．また，河床部では半川締切りにより，護床ブロックの施工が行われていた．なお，河床にどのような洗掘が発生したかは不明である．

　図-4.98に左岸側低水護岸の状況を，図-4.99に護床ブロックの施工状況を示す．

　図-4.98に見られるように左岸側低水護岸には，ブロックが施工されていて侵食を防いでいる．右岸側低水護岸のブロックの施工とともに，ブロックが侵食を防いでいる効果が確認された．

　図-4.99に示すように，護床ブロックが施工されていた．

図-4.98 左岸側低水護岸の状況（出典：石野）　　図-4.99 護床ブロックの施工状況（出典：石野）

以上から，
① 低水敷き全幅にわたる護床工の設置が橋脚を洗掘から防護できることが示された[22]．
② 低水岸に一部分の侵食が見られた．護岸工により低水岸を守ることが重要であると示された．
③ 中央線橋梁の右岸高水敷きに見られるように，基礎の安定を脅かすまでの深さではないが，高水敷きの橋脚部でも洗掘が発生することが示された．

なお，近年，谷底平野の河川において，洪水が桁に作用して桁の流出が発生している[23]．今回調査したこれらの橋梁の桁下は，堤防天端よりも高く，洪水が桁に作用する状況は発生しがたい．

（3） 多摩川水系で唯一倒壊した支流南秋川での橋梁の倒壊状況と考察

秋川は，多摩川最大の支流で，山梨県境の三頭山を源流とし，あきるの市，八王子市，福生市，昭島市の境界付近で多摩川に合流する．図-4.82に示す橋梁の倒壊地点は，桧原村役場から南秋川約2km上流である．図-4.100，4.101に倒壊状況の全容を示す．

図-4.100　下流左岸から見た倒壊状況（出典：石野）　　図-4.101　上流左岸から見た倒壊状況（出典：石野）

図-4.100，4.101に示すように，コンクリート桁を支える2組のコンクリート柱で構成された2本の橋脚のうち，右岸側の橋脚柱が折れて倒壊している．橋梁は，戦前にコンクリート橋脚の上に木桁が載荷されていたが，1959（昭和34）年頃に，木桁がコンクリート桁に取り替えられたとのことである．橋脚の下部工は，右岸側では建設当初の状態で，左岸側では，右岸側に比べて約1mの高さで補強コンクリートが打設されていた．このため，左岸側のコンクリート柱の長さは，右岸側のそれに比べて1m短い．倒壊を免れた左岸側の橋脚には，多数の流木が残存していた．倒壊原因は，流木の作用により橋脚径に比べて流体力の作用幅が太くなり，柱長の長い右岸側の柱が曲げにより倒壊したと考えられる．なお，流れは右岸を外岸に湾曲していて，また，左岸側のコンクリート柱の長さは，右岸側のそれに比べて1m短く，この長さ分だけ流体力の作用長が短く，また，曲げモーメントが小さく倒壊を免れられたと考えられる．

以上から，
① 戦前に建設された耐力の低い橋脚が，流木の集積により増加した流体力と曲げモーメントに耐え切れなくなり折れたと推察された．
② 河川上流域の橋梁を調査するとこのような戦前に建設された橋梁の倒壊に出会うことが多い．今後の対応としては，流量および流木の流出が増えている状況を鑑みて，戦前に建設された耐力の低い橋脚は架け替えを検討することが重要であることが示された．

4.4 橋梁取付け道路部の被害例

4.4.1 日入倉橋の被害

　日入倉橋は山梨県南アルプス市に位置し，主要地方道竜王芦安線が御勅使川を渡る役割を果たしている．2001（平成13）年9月の豪雨および台風15号により1級河川御勅使川が増水し，当該橋梁付近で異常洗掘と河床低下を生じ，橋梁および前後の道路兼用護岸が被害を被った．被害を被った旧橋は，1959（昭和34）年の台風による被害後に架設した老朽橋であった．前後の取付け道路は，急カーブであるとともに，すれ違うのが困難な状況であったため，災害復旧事業と併せ拡幅線形改良のために災害関連事業も導入し，取付け道路を含めた橋梁架替事業として実施された．事業年度は2001～2003年度であった[24]．

　図-4.102，4.103に見られるように，旧橋は左岸側の取付け道路が大きく河道に入り込んで

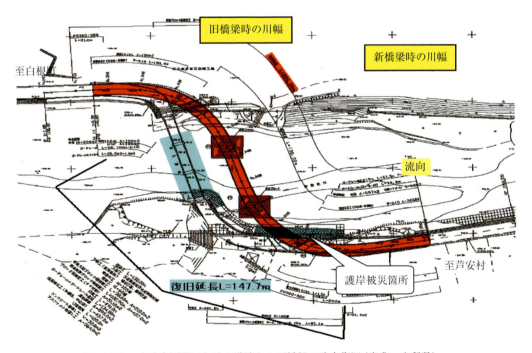

図-4.102　未改良区間における道路および橋梁の改良復旧（出典：山梨県）

おり，上流側に比べ橋梁部分での川幅が約7割程度に狭くなっていた．図-4.104は橋梁完成後の写真である．川幅が橋梁の上流，下流で連続した状態に改善されるとともに，曲線橋が採用され，道路交通の利便性も上昇したと思われる．

図-4.103 被災箇所下護岸より見た下流．橋梁部分で川幅が減少していることがわかる．旧橋の場合の水面幅は 66.3m，新橋の場合の水面幅は 91.6 m（出典：山梨県）

図-4.104 橋梁完成後．橋梁の上流側と下流側でほとんど同じ川幅に改善（出典：山梨県）

4.4.2 津羅橋（兵庫県宍粟市）の被害

2009（平成 21）年台風 9 号により兵庫県佐用町付近が甚大な被害を受けた災害の一部である．津羅橋は宍粟市の福地川上流部に設置された橋で，その区間での河川勾配は 1/21 である．台風 9 号の出水により湾曲部外岸側で，護岸兼用道路と橋台が流出し，津羅橋の上部桁 1 径間が落橋した．道路の冠水痕跡は 15〜20 cm で大きくないが，河床が大きく洗掘された跡が見られ [25]，橋桁の流出は作用した流体力によるものではなく，洗掘による護岸と橋台の流出が原因であると推察できる．図-4.105 の津羅橋を見ると，上部工はつながっているが，調査時点において既に応急復旧で橋桁が仮設された結果である．

本復旧においては，当該地点の福地川の流下能力向上を目指して，橋脚なしの一径間の橋が建設された [26]．

河川を横断する道路橋，河川に沿って走る道路において，多くの被害が生じている．河川被害と道路橋被害，鉄道橋被害が同時に起こっていることは，これまで見てきたとおりである．行政上，河川と道路，鉄道は，それぞれ別の部局が管理しており，平常時にはそこで生じる現象も相互に作用を及ぼすことはほとんどない．しかしながら，川が水と土砂，流木で大きく膨れ上がる大洪水時には，河川と道路，鉄道施設は相互作用を及ぼし合うことになる．また，救援活動等に対しても，一体となって管理，運用する必要がある．したがって，河川，道路，鉄

図-4.105 津羅橋における取付け道路，橋台，橋桁の流出（出典：石野）　　図-4.106 津羅橋から上流を見た写真．湾曲外岸が侵食された（出典：石野）

道の管理者は，自然現象への理解，特に異常現象あるいは非常時に対する理解を共有する必要がある．

引用文献

[1] 石野和男：橋梁被害について，河川整備基金助成事業「2009年8月佐用町豪雨災害に関する調査研究」，2010.
[2] 渡邉政広他：愛媛県東予地方の台風21号による流木・洪水はんらん災害について，2004年愛媛県下における自然災害学術調査報告書，2005.
[3] 石野和男，濱田武人，佐野浩一，大下勝史，野呂直宏，岡本宏之：流木の流出防止を目的とした渓流および谷底河川沿いのケヤキの植林に関する研究，河川技術論文集，第15巻，pp.181-186, 2009.
[4] 石野和男：橋梁被害に関する調査結果と考察，2009年8月台風8号により発生した台湾における土砂災害に関する調査・研究業務委託報告書，砂防学会，2010.
[5] 藤田正治：2009年台風MORAKOTによる台湾水・土砂災害－3日間雨量3000 mmの脅威－, http://www.dpri.kyoto-u.ac.jp/ndic/bunkakai/3hujitamasaharu2009.pdf
[6] 石野和男：橋梁被害に関する考察，平成23年7月新潟・福島豪雨に関する調査・研究，土木学会調査団報告, 2012.
[7] 石野和男，渡邉亮史，玉井信行：洪水時に道路トラス橋梁に作用する流体力に関する研究，水工学論文集、第52巻，2008.
[8] 石野和男：東日本大震災大津波による道路橋等の被害要因の水工学の成果を用いた考察，土木学会第14回性能に基づく橋梁等の耐震設計に関するシンポジウム講演論文集，2011.
[9] 玉井信行，石野和男，楳田真也，渡邉康玄：豪雨による河川橋梁災害に関する現地調査，被災原因解明，対策工立案の研究，平成17年度～平成19年度河川整備基金助成事業最終報告書，2008.
[10] 石野和男，玉井信行：2004年以降に日本で発生した豪雨による橋梁の倒壊要因と対策，土木学会，安全問題研究論文集，Vol.5, 2010.
[11] 石野和男，楳田真也，前野詩朗，玉井信行：礫床河川において洪水中に発生した橋脚の沈下原因の究明および対策工の研究，水工学論文集，第54巻，pp.847-852, 2010.
[12] 石野和男，田中規夫，八木澤順治：2011年台風12号により三重県大台町岩井地区で発生した土石流による土砂ダム及び落橋に関する現地調査結果，土木学会全国大会第67回年次学術講演会講演概要集，CD-ROM, 2012.
[13] 藤森祥文，越智有生，速山祥子，白石央，渡辺政広：急勾配中小河川における流木に起因する洪水氾濫軽減対策，水工学論文集，第52巻，pp.679-684, 2008.
[14] 国土交通省：水害レポート2006, 平成18年度版，p.18, 日本河川協会，2006.
  http://www.mlit.go.jp/river/pamphlet_jirei/bousai/saigai/kiroku/suigai2006/index.html
[15] 北沢陽二郎：諏訪湖周辺の河川災害と土砂災害について，河川，727号，日本河川協会，pp.31-34, 2007.
[16] 伊那毎日新聞：歩行者用の殿島橋の橋脚が落下，2006.7.21.
  http://old.inamai.com/news.php?t=000000000013&l=l&i=200607202010440000012114
[17] 兵庫県県災害復興室：平成21年台風第9号災害の復旧・復興事業の進捗状況，p.5, 2012.

http：//web.pref.hyogo.lg.jp/governor/documents/g_kaiken20120528_05.pdf
[18]　神奈川県松田町・開成町：十文字橋災害復旧の概要，2007．
[19]　石野和男：橋梁被害に関する考察，平成19年台風9号出水の調査と今後の河川維持管理のあり方に関する調査研究，土木学会調査団報告，2008．
[20]　佐溝昌彦：ワンポイント基礎知識 - 橋梁の洗掘，RRR（鉄道総研），p.38，2008．
[21]　国土技術研究センター編：改定解説・河川管理施設等構造令，p.298，2000．
[22]　関沢元治，石野和男：河道と施設の維持管理技術，河川技術論文集，第11巻，pp.13-18，2005．
[23]　石野和男，楳田真也，玉井信行：2004年福井水害における鉄道橋梁の被災原因の調査解析と今後の長寿命化方策の検討，河川技術論文集，第11巻，pp.157-162，2005．
[24]　山梨県峡中地域振興局建設部：主要地方道竜王線（日入倉橋）の供用開始公告，2013.10.20．
　　　https://www.pref.yamanashi.jp/news/200310/documents/file_1066826185620.pdf
[25]　地盤工学会関西支部：平成21年台風9号の地盤災害調査報告書，第Ⅱ編河川構造物の被害，p.Ⅱ-27，2009．
　　　http：//www.jgskb.jp/japanese/book/saigaichousa/2009.12.7taifu9saigaichousa.pdf
[26]　兵庫県災害復興室：平成21年台風第9号災害の復旧・復興事業の進捗状況，p.4，2012．
　　　http：//web.pref.hyogo.lg.jp/governor/documents/g_kaiken20120528_05.pdf

第 II 編　橋梁の健全度評価法

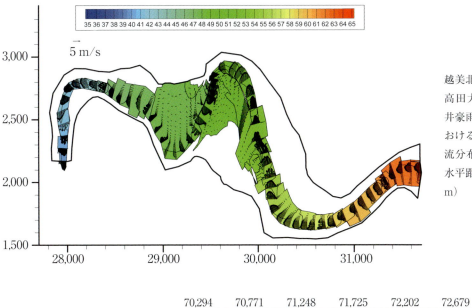

越美北線第4鉄橋および高田大橋周辺の2004福井豪雨による破堤地形における水位・流速ベクトル流分布（縦軸・横軸は、水平距離を示し、単位はm）

橋脚下面直下 5cm における鉛直流速分布

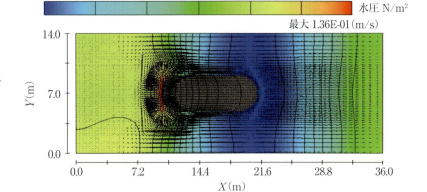

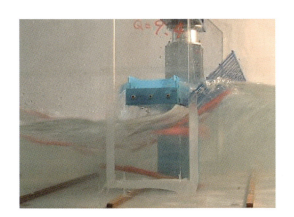

橋桁への流木乗り越し防止装置の実験

2004年福井豪雨による越美北線第6鉄橋の橋脚周辺の局所洗掘

2004年福井豪雨における越美北線第1鉄橋の被害と復旧（左岸より）

2004年福井豪雨における越美北線第7鉄橋の被害と復旧（右岸より）

第 5 章　橋梁健全度検討フロー

　第 I 編において，現地調査に基づいて近年の橋梁被害を紹介し，その特徴を分析し，被害形式による分類を示した．第 II 編では，被害軽減対策の提言を行うことを最終的な目標として分析を進める．合理的かつ体系的な被害軽減対策を考えるためには，被害がなぜ生じたかの機構を知る必要がある．力学的には，自然現象によって引き起こされる橋梁に作用する外力と橋梁の耐力を知ることに尽きると言えるが，現実の橋梁は複雑な構造物であり，また，様々な自然条件を持つ場所に設置されている．例えば，建設された年代により設計基準が異なるという社会的要因もあり，維持管理という技術的な要因も様々である．したがって，本書では個々の部材のみを考えるのではなく，"橋梁全体の健全性"という概念を身に付けることが体系的な対策のために必要であると考え，種々の分析方法を提示する初めの部分で，橋梁健全度を検討する全体像を図-5.1 に示す．

　図-5.1 に示すように，検討項目は大別して，

① 評価流量の推定・決定，
② 橋梁に作用する流れの水深・流速の推定・決定，
③ 橋梁に作用する流体力の推定・決定，
④ 流体力作用時の橋梁被害の分析，

に分けられる．本章では，①評価流量の推定・決定方法を示し，②については **6 章**で触れる．また，③は **7 章**で取り扱い，④は **8 章**で取り扱う．そして，それらに基づいた対策を総合的に **9 章**で取りまとめる構成としている．

　評価流量の推定・決定方法は，大別して以下の方法に分けられる．

1) 計画高水流量が求められている場合：橋脚地点までの集水面積と，計画高水流量が求められている地点までの集水面積との比較することにより橋脚地点での流量を検討する．
2) 計画高水流量が求められていない場合：橋脚地点での河床の砂礫，岩盤の状態（現地計測必要）からの粗度係数の推定値，河川勾配（現地計測必要），河川幅，既往の最高水位から，マニングの公式等を用いて流量を検討する．
3) 橋脚の上下流にダムが存在する場合：ダムの計画放流量，既往最高流量から流量を検討する．
4) レーダ雨量データと地形データを用いて流出解析を行い，対象地点での流量を検討する．

　上に述べたように，構造物としての橋梁とそれに直接触れる流れと河床に引き起こされる現象の機構を知ることが必要であるが，これだけでは十分ではなく，上下流を含めて橋梁の長さの 20 倍程度の区間全体での川の環境を考慮しておくことが重要である（例えば，**1 章**，**4 章**参照）．本書においては，橋梁架設地点を含む広範囲な環境に着目することの重要性を関連する箇所ごとに述べたつもりであるが，分析の基本的な構想を考える段階でこのような視点に立つ

こと，また，局所的な分析のみでは理解しにくい事象が生じた時には，必要に応じてこのような視点から再確認をしつつ分析を進めることが重要であることを繰り返しておきたい．

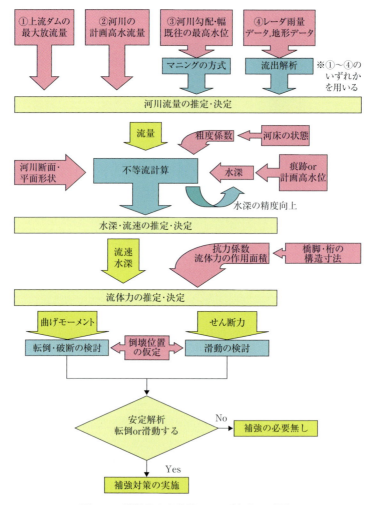

図-5.1　橋梁健全度検討フロー（出典：石野）

第6章　洪水流の解析

6.1　大規模な地形と洪水流れの相関

　2003（平成15）年8月に大洪水が発生した沙流川では，**1章1.2節**で述べたように，現在の河道法線と関係なく，複列砂州上の流れと同様の8の字状に洪水流が流下し，橋梁が被害を被った．このことから，大規模出水時に形成される複列砂州地形と洪水時の流れの関係を見ることにより，橋梁被害の機構を知ることが可能ではないかと考えられる．考察は，水理解析に必要な資料が揃っている沙流川の近隣河川である北海道日高地方の厚別川を対象とした．厚別川は，流域面積290.7 km^2，河道長45 kmの2級河川である．河口から18 km上流に位置する里平川合流点から下流の平均河床勾配は1/362で，両岸を数段の段丘面に囲まれた谷底平野を流れる河川である．2003年8月に3日間雨量が285 mm（豊田）という豪雨によって約2,200 m^3/s（豊田）と河道の流下能力（赤無橋）1,000 m^3/sを大幅に超える出水が生起し，**図-6.1**，**6.2**に見るような堤内地を含む谷幅全体に広がる洪水流が生じた[1]．

図-6.1　厚別川の被害状況（KP6.4～8.8km区間）
（出典：シン技術コンサル）

図-6.2　厚別川の被害状況（KP8.4～12.2km区間）
（出典：シン技術コンサル）

6.1.1　地形および洪水流の特徴

（1）　谷底平野の形状把握

　河口から上流6.4 kmから12.2 km（以下，KPとする）にかけての谷底平野の横断地形を計測した結果を用いて，谷地形と氾濫流が形成する中規模河床形態との関係について検討する[2]．谷底平野の横断地形は，2003年8月10日の洪水から間もない8月22日に撮影された高度約1,500 mからの航空写真より作成した河川の縦断方向200 mごとの横断図を用いた．

水平方向，鉛直方向の精度は±30 cm 程度であるが，水面の箇所は標高の測定が不可能であり，撮影時の水面の標高を用いた．まず，写真より痕跡水位を読み取り，不等流計算からピーク流量 2,200 m³/s 流下時の水面幅 B_v，断面平均水深 h を算出した．図-6.3 は河床縦断と洪水時の水位の関係，図-6.4 は谷幅と出水時の水面幅の関係を縦断的に見たものである．KP 9～10 km において谷幅が大きく変化していることがわかる．このことから以後の検討では，上流側（KP 9～12.2 km，平均谷幅 360 m）と下流側（KP 6.4～9 km，平均谷幅 580 m）とに分けて行うこととした．

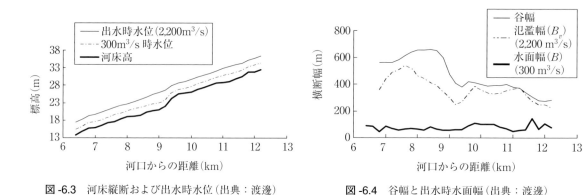

図-6.3　河床縦断および出水時水位（出典：渡邊）　　　図-6.4　谷幅と出水時水面幅（出典：渡邊）

（2）中規模河床形態と洪水流

図-6.5 は，土地利用が行われている堤内地を含めた横断形を示すが，複断面河道と類似した横断形をしていることがわかる．図-6.6 に 100 m³/s から 2,200 m³/s へと流量の変化に伴う平均水深 h と水面幅 B の推移を示す．なお B，h は，便宜上，2003 年 8 月洪水の痕跡が再現される粗度係数（$n=0.021$）を用いて不等流計算により算出している．600 m³/s 前後までは，複断面河道で言うところの低水路内に収まるため，B はあまり大きくならず，h が増加する．一方，堤防がない状態（出水直後の地形）で 600 m³/s を超えると，複断面河道で言うところの高水敷に相当する部分に水面が広がる．つまり，水位が上昇しても水面が横断方向に広がるため，平均水深はほとんど変化しない．そのため，B が流量変化に応じて大きくなる．なお，2,200 m³/s 時の河道内の平均水深は 3.0 m，河道外（高水敷に相当）が 0.8 m であり，限界掃流

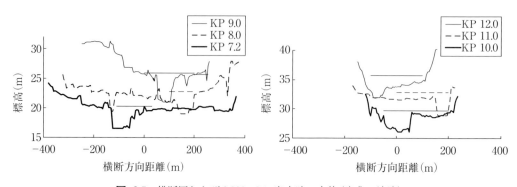

図-6.5　横断図および 2,200 m3/s 出水時の水位（出典：渡邊）

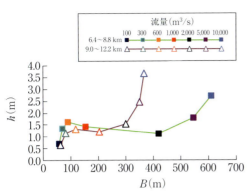
図-6.6 流量と水面幅および平均水深の関係
（出典：渡邊）

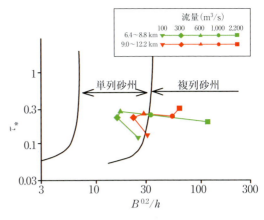
図-6.7 流量と河床形態（出典：渡邊）

力から計算した河床砂が移動しない水深0.6 mより大きい．

この結果を用いて，堤内地も含めた谷地形を対象とした各流量の中規模河床形態[3]を表すと，図-6.7となる．図から上流側で600 m³/s，下流側で1,000 m³/s程度までは単列砂州領域にあり，それらの流量を超えると単列砂州領域から複列砂州領域へと遷移すると判断される．2003年8月洪水のピーク流量が2,200 m³/sであることから，ピーク時の氾濫流の水理条件は，複列砂州領域になっていたことがわかる．

6.1.2 谷底平地の形状特性

ここでは，厚別川の現在の流路形状の形成要因について，蛇行波長および谷底平地の地形形状から分析を行う．また，谷底平地の地形の成因を推定するとともに，大規模出水時における洪水流の挙動特性について考察する．

（1） 既往知見による蛇行波長の検討

厚別川の河道平面形のスペクトル解析によって得られた1,600 mの蛇行波長[3]の成因を把握する．厚別川で低水路満杯流量程度（300 m³/s）の出水により形成される単列砂州地形が，現在の流路形状の形成要因かどうかについて既往の蛇行波長についての関係式を用いて検討した．

厚別川の河道満杯時の水面幅が70 mで実測の蛇行波長L_0が1,600 mであることから（流路蛇行波長）/（川幅）は23となる．単列砂州波長およびその発達により形成された蛇行波長の平均的な値を示していると考えられる砂州波長と川幅との比$L_0/B=5〜15$[4]と比べて長く，単列砂州以外の成因によるものと考えられる．

（2） 二重フーリエ解析と分析方法

次に2,200 m³/sで形成される複列砂州地形が現在の流路形状の形成要因かどうか，谷幅規模の地形を対象に二重フーリエ解析を用いて検討を行った．厚別川の谷底平地の形状の解析の

二重フーリエ解析は，谷地形を式(6-1)で表した時の α_{ij} を求めるものである[5].

$$Z = \sum_{i=0}^{I} \sum_{j=0}^{J} \alpha_{i,j} \sin i \frac{2\pi}{2B_v} n - \frac{\pi}{2} \left(\frac{1+(-1)^i}{2} \right) \cos \frac{2\pi}{L} s - \sigma_{i,j} \tag{6-1}$$

ここで，B_v：氾濫幅，i：砂州列数，j：単列の卓越波長を基本波長とした時の波数，α_{ij}：砂州列 i，波数 j の波の振幅，σ_{ij}：$i=1, j=1$ の波に対する位相，L：縦断方向の基本波長．この場合，$i=1, j=1$ の波の波長としているが，平面形から得られる蛇行波長に近い値であると考えた．また，s, n：それぞれ縦断方向および横断方向の座標．

（3）二重フーリエ解析の適用

厚別川の2003年の河道横断地形に対して二重フーリエ解析を行った．図-6.8は，用いた地形データを立体的に表示した図である．横断方向は，KP 6.4〜12.2 kmの横断データのうち，河道法線および氾濫域の大部分が入るように下流側で480 m，上流側で400 m幅を対象に各断面の幅を1として16等分している．また，標高については，谷勾配(1/313)ラインを基準(0)とした比高を平均水深で除して無次元化し，標高の高い部分（谷壁）のデータは上限値を設定した．図-6.9に二重フーリエ解析を行った結果を示す．表-6.1は，以上の結果をとりまとめたものである．

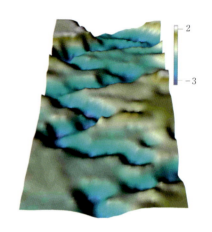

図-6.8　解析に用いた地形データ(厚別川)
（出典：渡邊）

表-6.1の結果から $\alpha_{22}/\alpha_{11}=0.7$ となり，砂州地形の特徴として抽出したこの値を用いて，数値的に生成した合成地形が図-6.10である．同図は複列砂州形状と単列砂州形状が重ね合わされたもので，複列砂州の片側の砂州が交互に高さを変えることがわかる．

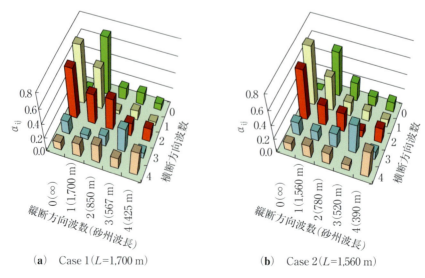

　　（a）　Case 1 (L=1,700 m)　　　　　　　（b）　Case 2 (L=1,560 m)

図-6.9　二重フーリエ解析結果(厚別川下流，KP6.4〜9km)（出典：渡邊）

表-6.1　厚別川解析結果（出典：渡邊）

		下流側 KP6.4〜9		上流側 KP 9〜12.2
平均谷幅		580 m		360 m
河道平面形の蛇行半波長（MEM、スペクトル解）	$L/2$	800 m		800 m
二重フーリエ解析結果（河床地形）α_{11}を1とした時の比		Case 1	Case 2	1
	α_{11}	1	1	
	α_{20}	1.2	1.5	1.3
	α_{31}	0.1	0.3	0.1
	α_{22}	0.8	0.6	0.8
	α_{40}	0.2	0.2	− 0.3
二重フーリエにより得られた波の成分の半波長（λ_n）	単列 $L/2$	850 m	780 m	750 m
	複列 $L/4$	430 m	390 m	380 m

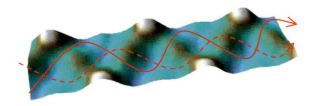

図-6.10　厚別川上流側の合成地形モデル（出典：渡邊）

6.1.3　谷底平地の成因と氾濫流の特徴

河道法線の蛇行波長と谷底平地における単列成分の波長とがほぼ一致するとともに，谷底平地の地形は，単列と複列の2つの砂州成分から形成されていることが明らかとなった．すなわち，厚別川における谷底平地の地形は，過去における幾度かの谷幅全幅を覆い尽くす大規模出水によって形成された単列砂州成分を持つ複列砂州によって形作られていると判断することができる．このため，氾濫が生ずるような大洪水時には複列砂州上の流れの特徴である8の字状の氾濫流を生じたものと考えられる．

図-6.11は，図-6.10をベースに地形形成過程を示した模式図である．複列砂州の片側の砂州が交互に高さを変えてい

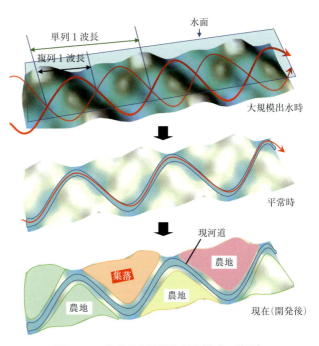

図-6.11　地形形成過程模式図（出典：渡邊）

ることから，小流量時の流路は単列の波数成分で表される相対的に低い箇所を流れることを意味し，現在の河道法線はこの流路に基づいていると考えられる．

本節での分析を参考にすると，治水計画を立てる時には，現在の川（平常時の流路）を見るだけでなく，それを包み，川をつくり上げてきた自然の営為（例えば，歴史的な洪水や地形，地質の特性等）に目を配る必要があることがわかる．

6.2 氾濫原と河道の流れ

近年，整備の比較的遅れた山間渓流域において想定外の大出水による甚大な橋梁被害が頻発している．2004（平成16）年福井災害においては，九頭竜川水系足羽川中流域で，道路橋が2本，JR越美北線の鉄橋5本が流出し，その他の多くの橋梁周辺で破堤，護岸侵食等の様々な被害が出ている[6]．また，2007（平成19）年台風9号によって増水した神奈川県酒匂川では，十文字橋の橋脚が沈下し，復旧までに1年余り要している．**2章2.1.1項**および**4章4.3.4項**でそれぞれの被害状況に触れているが，橋梁が倒壊または沈下した原因と周辺河川施設の被害と氾濫状況との関係は未解明な点が多い．被害原因や被災メカニズムを解明するうえで，外力となる河道や氾濫原における流れの特性を理解することが必要である．本節では，足羽川上流域の橋梁被害の著しい区間および酒匂川の十文字橋付近を対象に洪水氾濫解析を実施し，橋梁の健全度評価を行ううえで重要となる流況と構造物の被害状況との関連を分析するための基礎資料を確認する．

6.2.1 解析方法の概要

非定常2次元の浅水流方程式を細田・長田らのモデル[7]を利用して有限体積法により数値解析を行った．基礎式は連続式および鉛直積分した運動方程式 (6-2)〜(6-4) である．

$$\frac{\partial h}{\partial t}+\frac{\partial M}{\partial x}+\frac{\partial N}{\partial y}=0 \tag{6-2}$$

$$\frac{\partial M}{\partial t}+\frac{\partial uM}{\partial x}+\frac{\partial vM}{\partial y}=gh\frac{\partial z_s}{\partial x}-\frac{\tau_{xb}}{\rho}+\frac{\partial}{\partial x}\left(-\overline{u'^2}h\right)+\frac{\partial}{\partial y}\left(-\overline{u'v'}h\right)-\frac{f_x}{\rho} \tag{6-3}$$

$$\frac{\partial N}{\partial t}+\frac{\partial uN}{\partial x}+\frac{\partial vN}{\partial y}=gh\frac{\partial z_s}{\partial y}-\frac{\tau_{by}}{\rho}+\frac{\partial}{\partial x}\left(-\overline{u'v'}h\right)+\frac{\partial}{\partial y}\left(-\overline{v'^2}h\right)-\frac{f_x}{\rho} \tag{6-4}$$

ここで，(τ_{bx}, τ_{by})：底面せん断応力の x，y 成分，z_s：水位，u' や v' を含む項：レイノルズ応力を含む項．解析には，(x, y) のデカルト座標から一般曲線座標に変換するとともに，水深 h，水深平均流速 (u, v) と流量フラックス (M, N) を反変成分表示した式を用いている．差分化の際には，移流項は1次精度の風上差分，移流項以外は2次精度の中心差分，時間積分は2次精度の Adams-Bashforth 法を用いた．河道内の橋脚による流れの阻害の影響を考慮するために，式 (6-5) および (6-6) を用いて橋脚に作用する抗力の成分 (f_x, f_y) の形で加味した．C_D は抗力係数で1としている．

$$f_x = \frac{F_x}{A} = \frac{1}{2A}\rho C_D B_x h u\sqrt{u^2+v^2} \tag{6-5}$$

$$f_y = \frac{F_y}{A} = \frac{1}{2A}\rho C_D B_y h v\sqrt{u^2+v^2} \tag{6-6}$$

橋脚の (x, y) 方向の幅を (B_x, B_y) および橋脚周辺の計算格子のセル面積 A を用いて計算している．

6.2.2 破堤および溢水を引き起こした洪水氾濫流

本項では2004年7月の福井豪雨により著しい橋梁被害が発生した足羽川山間部の洪水流の再現計算を行い，河道と氾濫原の流れの状況を推察する．

（1） 河道・河川施設の状況と解析条件

解析区間は，足羽川上流域 15.8～21.8 km（下新橋下流～JR越美北線第6橋梁上流）の約 6 km である．図-6.12 に示す解析格子は，縦断方向約 200 m 間隔の河道横断測量データおよび福井県砂防基盤図 DEM データを用いて作成したもので，浸水範囲を考慮して氾濫原を含む河道周辺地形を再現した．格子点数は縦断方向 63 点×横断方向 98 点（堤内 38 点，堤外 30 点 × 2）である．Manning の粗度係数は河道部 0.035，堤内地 0.050 s/m$^{1/3}$ とした．

図-6.13 に境界条件として与えた上流境界の流量ハイドログラフ，下流境界の水位ハイドログラフを示す．2004 年 7 月 18 日午前 7 時を基準時間ゼロとした．流量波形は，解析領域下流端から約 3.2 km 下流にある天神橋水位観測所における国土交通省近畿地方整備局発表の流量波形と相似にして，最大流量が 2,200 m^3/s になるよう作成したものである．この最大流量は，天神橋上流から解析区間上流境界までの本川と支川の流量関係を流域面積比から図-6.14 のように推定した結果である．一方，下流境界の水位は，上流境界条件の流量と下流端の横断地形に基づいて等流を仮定して算定したものである．その際，水面勾配は最大水位が 15.8 km 地点の水位痕跡の記録（左右岸平均 T.P.40.0 m）と一致するように与えた．以下では，元河道地形

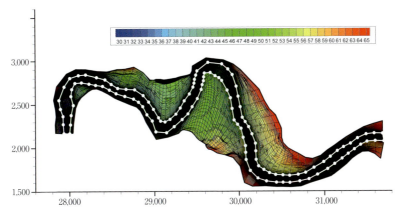

図-6.12 足羽川中流 15.8～21.8km 河道周辺の解析格子と地盤高さ（出典：楳田）

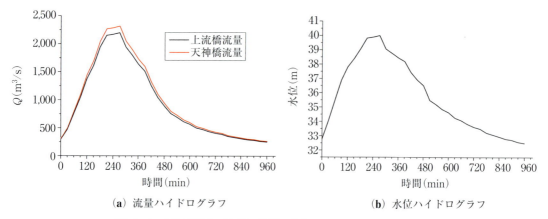

(a) 流量ハイドログラフ　　(b) 水位ハイドログラフ

図-6.13　解析領域上下流端の流量・水位の境界条件（出典：楳田）

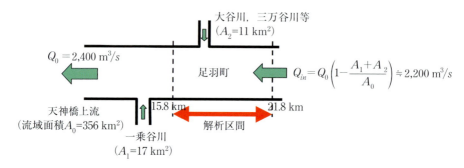

図-6.14　天神橋上流域の本川と支川の流域面積による最大流量の推定（出典：楳田）

における洪水氾濫解析および破堤後の河道地形における洪水氾濫解析の結果を示す．

（2）元河道地形を用いた洪水氾濫解析の結果および考察

図-6.15は，水位および流速ベクトルの増水時，最大流量時，減水時の変化を示す．増水期の8時半頃から9時半頃の間に，河川流量は約1,000 m³/sから1,600 m³/sに増大して，第4鉄橋下流右岸，第4鉄橋上流の河道湾曲部内岸および福島橋上流左岸で堤内地への浸水が始まった．湾曲部内岸および福島橋上流左岸は堤防がないこと，第4鉄橋付近は河床の縦断勾配が緩く，橋梁下流は左岸に比べて右岸堤防が低いこと等が要因であろう．9時半頃から流量ピークに達するまでの間，各地点から浸入した氾濫水が周辺部に広がり，周辺の水田や集落が浸水するとともに，高田大橋下流域，第6鉄橋から大久保橋の無堤区間および大久保橋下流の河道湾曲部の内岸等の新たな地点で溢水が生じた．最終の浸水範囲を表す最高水位分布を図-6.16に示す．計算結果は図-1.2の現地調査や航空写真等に基づいて作成した浸水範囲とある程度整合することが確認できる．図-6.17は最大流速の分布を示すものであるが，洪水流速は河道内においても縦断方向および横断方向に大きく変化することがわかる．主に河道の狭窄部や河床勾配が急な所で流速が大きく，第4鉄橋付近の直線区間では河床勾配が比較的小さいため最大流速は小さい．大久保橋付近の流速は約6～7 m/sと予測され，当時の洪水流を撮影したビデオ画像から推定された結果5.2～7 m/sとある程度整合することが確認できた．

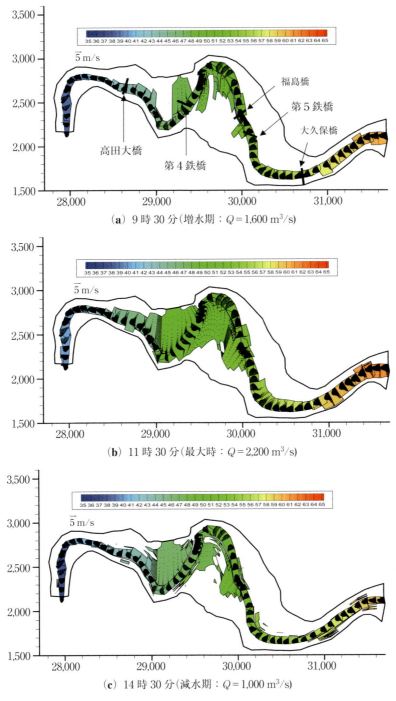

図-6.15 水位・流速ベクトルの時間変化（出典：楳田）

　図-6.18 は，各時刻の河道内中央部の水位の縦断分布，最深河床高および各橋梁の平均桁上・桁下高を示すものである．区間内の大部分の橋梁地点では，最高水位は桁下以上に達し，高田大橋や田尻新橋地点では桁上以上の水位となっていた．区間内下流から2番目の第2鉄橋地点では川幅が広く，水位は桁下以下であったため，橋梁本体の被害はなかった．図-6.19 は大久

第 6 章　洪水流の解析

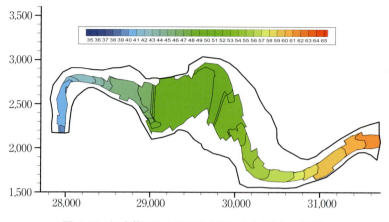

図-6.16　浸水範囲および最高水位の分布（出典：楳田）

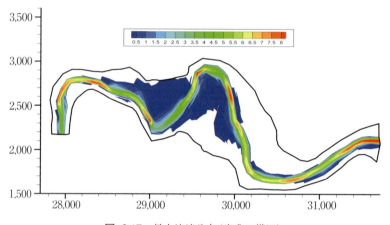

図-6.17　最大流速分布（出典：楳田）

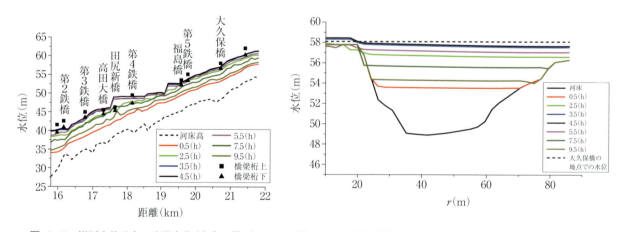

図-6.18　縦断水位分布の時間変化（出典：楳田）　　図-6.19　大久保橋付近の横断水位分布の時間変化（出典：楳田）

保橋地点の各時刻の水位の横断分布を示す．図中の破線は桁上の高さを示すものであるが，計算された最高水位は河道部で桁上より数 10 cm 低い．洪水時の大久保橋の写真から大久保橋は橋桁が冠水していたことが判明しているため，本計算結果の水位は実際より若干低くなって

いるが，水位は右岸に比べて左岸寄りで高くなる特徴を捉えていることがわかった．計算水位が実際より低くなるのは，本計算においては橋脚や橋桁等による流体抵抗力を考慮していないことが最大の原因と考えられる．

そこで，橋脚の流水抵抗効果を考慮するため，抗力係数 $C_D=1.0$ と仮定し，橋脚の流水抵抗を表す項を運動方程式に加えて計算した結果を次に示す．図-6.20 は，橋脚による流水抵抗の有無による最大流量時の河道中央部の水位縦断分布の違いを示すものである．橋脚の流水抵抗を考慮した場

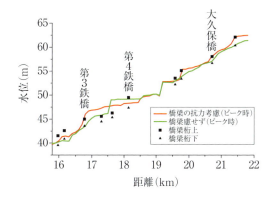

図-6.20 橋脚による流水抵抗の有無による河川水位の縦断分布の違い（最大流量時）（出典：楳田）

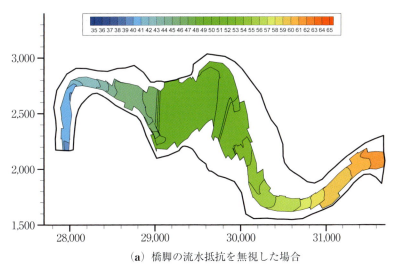

（a）橋脚の流水抵抗を無視した場合

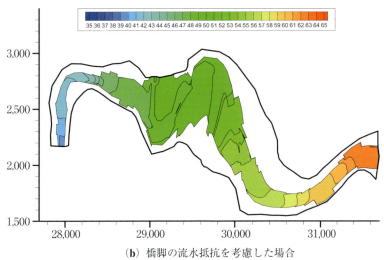

（b）橋脚の流水抵抗を考慮した場合

図-6.21 橋脚による流水抵抗の有無による最高水位分布の違い（出典：楳田）

合の方が河川水位は大部分で高く，特に第3，6鉄橋，福島橋および大久保橋付近で桁上あたりまで水位が上昇し，被害状況から推測される水位に近づいていることが確認された．図-6.21に最高水位の平面分布の変化を示すが，河川水位の変化とともに周辺氾濫原における浸水範囲および最高水位にある程度の変化が見られる．特に，第6鉄橋上流および第5鉄橋付近で浸水域の拡大が顕著である．図-6.22は，橋脚の流水抵抗を考慮した場合の河川水位の縦断分布の時間変化を示すものである．図-6.18の

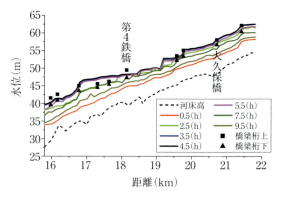

図-6.22 河川水位の縦断分布の時間変化（橋脚の流水抵抗を考慮した場合）（出典：楳田）

流水抵抗を無視した場合と比較して河川水位は全体的に高く，冠水した大部分の橋梁付近において桁上を超える水位に到達している．時間に関係なく，縦断方向の水位変化は河道の湾曲部で大きい．第4鉄橋から第3鉄橋までの区間では，堤防天端高を超える高い水位が長時間（4〜5時間）継続することが推定された．

（3）破堤後の河道地形を用いた洪水氾濫解析の結果および考察

本項では，前述の(2)と同じ流量・水位境界条件の下，洪水で破堤した後の河道地形を対象に解析を行い，破堤の有無による洪水氾濫流の変化を調べた．本解析では，第4鉄橋直下流右岸の約200mおよび高田大橋直上流右岸の約50mの堤防決壊を考えた．破堤被害の状況は**1章1.1節**で述べたが，破堤の発生時刻は不明であるため，ここでは，図-6.23に示す破堤後の地盤高を初期地形として計算した結果を示す．図中では，橋梁および破堤により堤防高が低下した区間を白線と白い破線の楕円で示している．

図-6.24は，元地形および破堤地形における増水期と最大流量時の水位・流速ベクトル分布を，図-6.25は最高水位の分布を示す．破堤前の元地形の解析結果と比較して，早期に河川水は破堤部から堤内地に浸入するため，増水期の早期段階において，破堤地形における浸水範囲の拡大は著しい．しかし，ある程度増水すると，浸水範囲は仮定した破堤地形にあまり関係なく，ほぼ同じであった．また，図-6.25と図-6.21(b)を比較すると，最高水位分布も破堤の影響をあまり大きく受けないことがわかる．

図-6.26は，破堤地形および元地形上における河川水位の縦断分布を示すものである．増水期においては，破堤地形では第4鉄橋付近で河川水位が低下し，田尻新橋付近で河川水位が上昇すると予測されたが，その差は最大で0.4m程度である．また，最大流量時の河川水位は今回の破堤地形にほとんど関係ないことがわかった．

6.2 氾濫原と河道の流れ

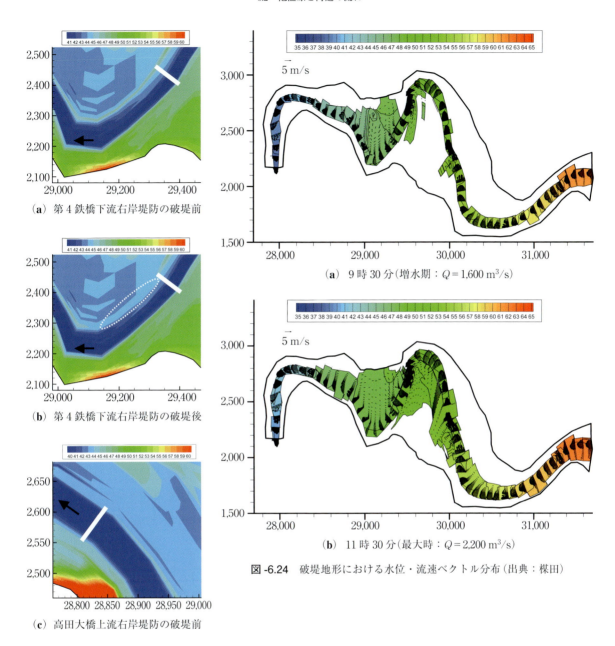

(a) 第4鉄橋下流右岸堤防の破堤前

(b) 第4鉄橋下流右岸堤防の破堤後

(c) 高田大橋上流右岸堤防の破堤前

(d) 高田大橋上流右岸堤防の破堤後

図-6.23 第4鉄橋および高田大橋周辺の破堤前後の地盤高(出典：楳田)

(a) 9時30分(増水期：$Q=1,600 \text{ m}^3/\text{s}$)

(b) 11時30分(最大時：$Q=2,200 \text{ m}^3/\text{s}$)

図-6.24 破堤地形における水位・流速ベクトル分布(出典：楳田)

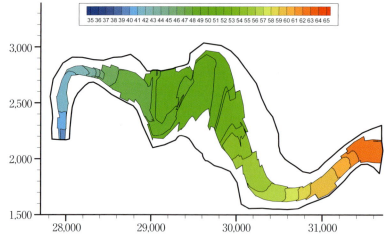

図-6.25 破堤地形における最高水位分布（出典：楳田）

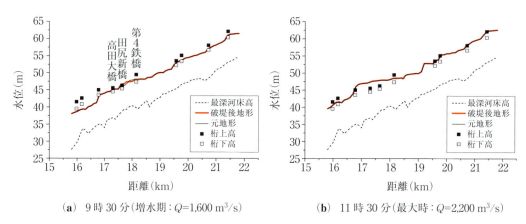

(a) 9時30分（増水期：Q=1,600 m³/s）　　(b) 11時30分（最大時：Q=2,200 m³/s）

図-6.26 元地形および破堤地形における河川水位の縦断分布（出典：楳田）

（4） ビデオ画像を用いた表面流速推定

2004年7月の福井水害においては，水害発生日時が休日の午前中であったことから，住民の方々が洪水の状況をビデオ撮影されていた資料がある．

本書の執筆者グループはこれらのビデオ画像の提供を受け，画像から河川における流速を読み取った[8]．図-6.27にその読取り地点を示す．

図-6.27 ビデオ画像からの河川における流速の読取り地点［出典（MapFan・web）に加筆］

① 視点場1における分析と
ビデオ画面の例
　Point 1　境寺町足羽川方向

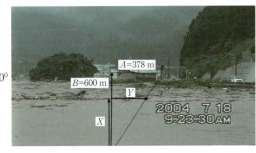

図-6.28
［出典（地元住民）に加筆］

読取り地点までの距離 X(m)	画像と地上の関係		粒子の移動距離		流下時間 (s)	流速 (m/s)
	ビデオ上の距離 (mm)	地上の距離 Y (m)	ビデオ上の移動距離 (mm)	地上の移動距離 (m)		
110	50	6.93	55	7.6	1.29	5.9
115	50	7.25	55	8.0	1.29	6.2
120	50	7.56	55	8.3	1.29	6.4
125	50	7.88	55	8.7	1.29	6.7
130	50	8.19	55	9.0	1.29	7.0

② 視点場2における分析と
ビデオ画面の例
　Point 2　美山橋方向

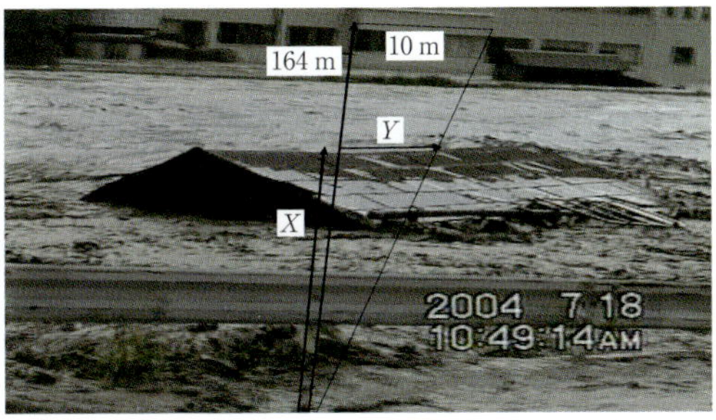

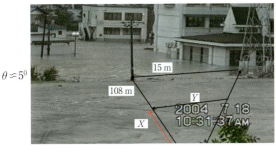

図-6.29
［出典（地元住民）に加筆］

読取り地点までの距離 X(m)	画像と地上の関係		粒子の移動距離		流下時間 (s)	流速 (m/s)
	ビデオ上の距離 (mm)	地上の距離 Y (m)	ビデオ上の移動距離 (mm)	地上の移動距離 (m)		
40	40	2.49	140	8.4	1.6	5.3
45	40	2.7	140	9.5	1.6	6.0
50	40	3.0	140	10.6	1.6	6.6
60	40	3.6	140	12.7	1.6	7.9

　Point 2　美山町役場方向

図-6.30
［出典（地元住民）に加筆］

読取り地点までの距離 X(m)	画像と地上の関係		粒子の移動距離		流下時間 (s)	流速 (m/s)
	ビデオ上の距離 (mm)	地上の距離 Y (m)	ビデオ上の移動距離 (mm)	地上の移動距離 (m)		
60	85	8.3	35	3.4	0.8	4.3
70	85	9.7	35	4.0	0.8	5.0
75	85	10.4	35	4.3	0.8	5.4
80	85	11.1	35	4.5	0.8	5.7

③ 視点場3における分析と
ビデオ画面の例
　Point 3　大久保橋方向1

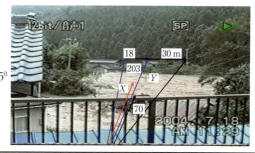

図-6.31
［出典（地元住民）に加筆］

読取り地点までの距離 X(m)	画像と地上の関係		粒子の移動距離		流下時間 (s)	流速 (m/s)
	ビデオ上の距離 (mm)	地上の距離 Y (m)	ビデオ上の移動距離 (mm)	地上の移動距離 (m)		
95	36	14.0	46	17.9	1.6	11.2
100	36	14.8	46	18.9	1.6	11.8
105	36	15.5	46	19.8	1.6	12.4
110	36	16.3	46	20.8	1.6	13.0
115	36	17.0	46	21.7	1.6	13.6

　Point 3　大久保橋方向2

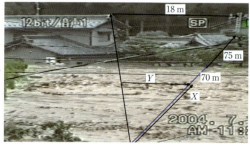

図-6.32
［出典（地元住民）に加筆］

読取り地点までの距離 X(m)	画像と地上の関係		粒子の移動距離		流下時間 (s)	流速 (m/s)
	ビデオ上の距離 (mm)	地上の距離 Y (m)	ビデオ上の移動距離 (mm)	地上の移動距離 (m)		
35	60	4.3	42	3.0	0.5	6.1
33	60	4.1	42	2.9	0.5	5.7
30	60	3.7	42	2.6	0.5	5.2
37	60	4.6	42	3.2	0.5	6.4
40	60	5.0	42	3.5	0.5	7.0

④ 視点場4における分析と
ビデオ画面の例
　Point 4　天神橋上流方向1

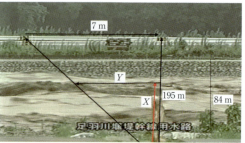

図-6.33
［出典（地元住民）に加筆］

読取り地点までの距離 X(m)	画像と地上の関係		粒子の移動距離		流下時間 (s)	流速 (m/s)
	ビデオ上の距離 (mm)	地上の距離 Y (m)	ビデオ上の移動距離 (mm)	地上の移動距離 (m)		
50	105	1.8	75	1.3	0.4	3.2
55	105	2.0	75	1.4	0.4	3.5
60	105	2.2	75	1.5	0.4	3.8
65	105	2.3	75	1.7	0.4	4.2
70	105	2.5	75	1.8	0.4	4.5

Point 4 天神橋上流方向
       2

図-6.34
[出典（地元住民）に加筆]

読取り地点までの距離 X(m)	画像と地上の関係		粒子の移動距離		流下時間 (s)	流速 (m/s)
	ビデオ上の距離 (mm)	地上の距離 Y (m)	ビデオ上の移動距離 (mm)	地上の移動距離 (m)		
30	50	8.8	35	6.2	0.3	20.7
35	50	10.4	35	7.3	0.3	24.2
40	50	11.8	35	8.3	0.3	27.6
45	50	13.3	35	9.3	0.3	31.1

⑤ 視点場5における分析と
ビデオ画面の例
   Point 5 天神橋方向

図-6.35
[出典（地元住民）に加筆]

画像と地上の関係		粒子の移動距離		流下時間 (s)	流速 (m/s)
ビデオ上の距離 (mm)	地上の距離 Y (m)	ビデオ上の移動距離 (mm)	地上の移動距離 (m)		
6.02	16	28	10.5	0.83	12.6
6.02	18	28	9.4	0.83	11.2
6.02	20	28	8.4	0.83	10.1
6.02	22	28	7.7	0.83	9.2

⑥ まとめ　ここでは①から⑤に示した5つの観測地点から8つの方向を撮影したビデオ資料から得られた結果を取りまとめて，表-6.2に示す．ここで示した破堤前の地形に対する氾濫解析の結果と比較すると，浮遊物をカメラのレンズ軸方向で捉え，また，対象物との距離が数十 m のビデオ画像から算出した洪水流の表面流速は，氾濫解析結果とほぼ一致する結果が得られた．これにより，制約条件を考慮した撮影を行えば，通常のビデオ撮影機による記録でも洪水流の表面流速の概算値を知ることが可能であることがわかる．

浮遊物までの距離が 100 m を超えたり，斜め撮影であったり，流れが速くて河床波が発生し表面が乱れているような場合には，通常のビデオ撮影からは分析に用いることができるような流速記録を得ることは難しいことがわかった．

表-6.2　ビデオ画像を用いた流速算出結果と流出解析結果の比較

視点場		画像までの距離／角度	ビデオ画像結果	評価*	氾濫解析結果 [**6.2.2項**(2)参照]
Point 1	境寺町足羽川方向	110〜130 m/0°	5.9〜7.0 m/s	—	
Point 2	美山橋方向	40〜60 m/0°	5.3〜7.9 m/s	○	6.1 m/s
Point 2	美山役場方向	60〜80 m/5°	4.3〜5.7 m/s	○	
Point 3	大久保橋方向1	95〜115 m/25°	11.2〜13.6 m/s	×(長距離, 斜め撮影)	6.2 m/s
Point 3	大久保橋方向2	35〜40 m/5°	5.2〜7.0 m/s	○	
Point 4	天神橋上流方向1	50〜70 m/0°	3.2〜4.5 m/s	○	2.9 m/s
Point 4	天神橋上流方向2	30〜45 m/35°	20.7〜31.1 m/s	×(河床波発生)	
Point 5	天神橋方向	110 m/45°	9.2〜12.6 m/s	×(長距離, 斜め撮影)	

* ○は信頼度が中程度であり, 分析に使用可. ×は信頼度が低く, 使用に不適であることを示す.

（5） まとめ

2004年7月の福井豪雨による足羽川山間渓流域における洪水氾濫流の数値解析および現地調査や資料整理を行った. 河道内部のみではなく氾濫原も含めた洪水氾濫解析を行い, 洪水流特性および河道周辺部への浸水過程を考察した. 浸水範囲や洪水流の流速などの解析結果は, 現地調査や写真・ビデオ映像等の資料と定性的に一致することがわかった. 次に, 橋脚の流水抵抗を考慮することで, 橋梁の被害状況から推定される洪水氾濫状況に近い結果を得ることができた. また, 破堤後の河道地形を用いた解析を行うことで, 河川水位, 浸水範囲および氾濫流向に及ぼす破堤の影響を考察した. 仮定した破堤区間による堤内地への河川水の貯留効果は増水早期段階に限られると推測された.

さらに河川施設および河道地形と洪水氾濫特性との関係を分析するには, 洪水被害状況に関する詳細な調査, 資料収集とともに, より高度な洪水氾濫流解析が不可欠である. 今後の課題として, 堤防からの越流水量を正確に評価するためのモデルの改善および河道地形の格子解像度を向上した計算等が必要である.

6.2.3 橋脚の沈下被害を伴った洪水流

本項では2007年台風9号に伴う出水により被災した十文字橋周辺の洪水流の再現計算を行い, 河道内の流れの状況を推察する.

（1） 河道・河川施設の状況と解析条件

解析区間は, 酒匂川10.2〜11.4 km区間の約1.2 kmである. 同区間周辺の空中写真を図-6.36に示す. 河床は平均約1/200の急勾配である. 砂州地形が形成され, 河床材料は直径数cm〜20 cmほどの礫が目立つ. 十文字橋付近において, 河幅$B ≒ 270$ m, 最大水位時の平均水深$h ≒ 3.7$ m, 粒径$d ≒ 5$ cmとすると, 河幅水深比は$B/h ≒ 70$, 水深粒径比は$h/d ≒ 80$である. これらの値は中規模河床形態の領域区分図[9]では単列砂州の領域に対応する. これは図-6.36に見られる砂州の状況と整合する. 構造物は, 上流から順に新十文字橋(10.9 km),

図-6.36 酒匂川の十文字橋周辺の空中写真［出典（Google Earth）に加筆］

十文字橋（10.7 km），小田急鉄道橋（10.5 km）および床固工（10.35 km）があり，松田水位観測所が床固工の直下流にある．水位観測所の下流 200 m 付近で川音川が左岸から合流する．川音川合流点の上流にある松田水位観測所までを解析範囲としている．

図-6.37 に示す解析格子は，縦断方向約 100 m 間隔の河道の横断測量図（平成 17 年度測量）[10] および平面図を基に作成したものである．縦断方向の断面数不足を補うために，各測量断面の中間の断面を内挿して縦断方向の格子間隔を約 50 m にした．格子点数は縦断方向 29 点 × 横断方向 100 点ある．Manning の粗度係数は一様に 0.03 s/m$^{1/3}$ を与えた．図-6.37 より低水路内においても河床の高低差が激しいことがわかる．3 つの橋梁の諸元を表-6.3 にまとめた．十文字橋による河積阻害率は 9 % を超え，小田急鉄道橋に比べても高い．

図-6.38 に堤防天端高，最深河床高，計画高水位および計画河床高に関する縦断図を示す．最深河床高は計画河床高より約 1〜3 m 程度低く，河床は全体的に低下傾向にある．特に新十文字橋付近の河床低下が著しく，最深河床高は計画河床高より 3 m 以上低い所もある．また，堤防の余裕高は約 1.5 m 確保されていることがわかる．

図-6.39 は，平水時の流況を水深 10 cm 以上の浸水域の水位と速度ベクトルで表示したものである．河川縦断方向の格子解像度が不足している割には，図-6.36 の空中写真に見られる砂州地形上の平水時の澪筋の様子をある程度再現できている．十文字橋の P3〜P6 橋脚付近は平水時の澪筋付近に位置することが確認できる．

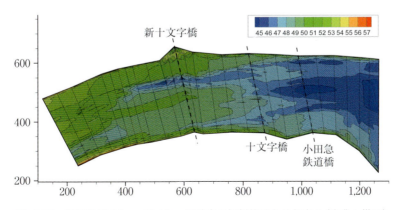

図-6.37 酒匂川 10.2 km〜11.4 km 河道内の解析格子と地盤高さ（出典：楳田）

表-6.3　3橋梁の諸元（出典：楳田）

		新十文字橋	十文字橋		小田急鉄道橋
			被災以前	復旧以後	
H.W.L. 川幅 (m)		310	252.5		291
橋脚数		6	18	17	11
橋脚幅 (m)		2〜3	1〜3.5	1〜3.5	1.75
橋脚幅合計 (m)		11	24.25	22.85	19.25
河積阻害率 (%)		3.5	9.6	9.0	6.6
桁下高さ T.P. (m)	右岸	55.143	52.523		51.661
	左岸	57.543	52.023		51.661
	中央	56.343	52.923		51.661

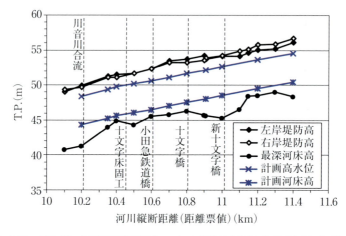

図-6.38　酒匂川の河川縦断図（平成17年度測量横断図より作成）（出典：楳田）

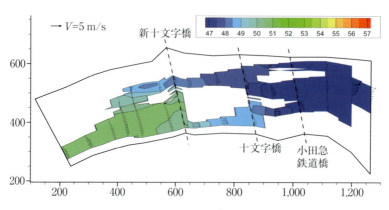

図-6.39　平水時の水位・流速の計算結果（流量：100 m³/s, 下流端 T.P. 水位：44.9 m）（出典：楳田）

境界条件として与えた上流境界の流量と下流境界の水位を図-6.40に示す．横軸の時間 t は 2007年9月6日午後21：30を基準時刻ゼロとした．水位は松田水位観測所の記録を利用した．流量は等流を仮定して算定したものである．その際，水位観測所付近の横断面図および水位記録を用い，河床の縦断勾配を1/200として計算した．最大流量は2,674 m³/s となり，松

田地点の計画高水流量の 2,800 m³/s に近い値を得た．また，十文字橋地点の計画高水位は 51.12 m に対して，出水時の最高水位は 50.73 m であった．今回の洪水は計画と同程度の規模であったと推定された．

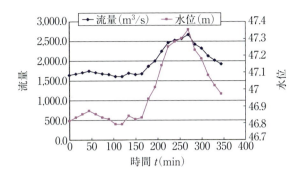

図-6.40 解析区間の上流端の流量と下流端の水位ハイドログラフ（出典：楳田）

（2）解析結果および考察

最高水位時の水位および流速の分布を図-6.41 示す．高水敷の上まで水位が到達した状態の川幅一杯の洪水流が再現された．十文字橋付近の水位の横断分布を図-6.42 に示す．図中には河床高とともに計画高水位，観測最高水位および計画河床高を示してある．計算結果は午前 2 時に最高水位 50.5〜50.7 m に達している．これは観測記録 50.73 m とほぼ対応しており，計算された水位は概ね妥当であると考えられる．右岸側の水位が左岸に比べて数 10 cm ほど高くなる傾向が見られる．

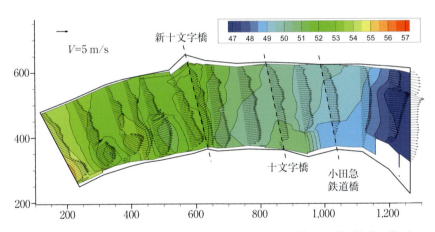

図-6.41 最高水位時の水位と流速分布［時間 $t=270$ 分（時刻 2：00）］（出典：楳田）

図-6.43 は最高水位時の流速分布を示す．低水路では広範囲にわたり約 3〜6 m/s の流速を示すが，十文字橋より上流の左岸側と十文字橋の下流の右岸に広がる高水敷において流速は 1〜2 m/s 以下に抑えられている．流速 8 m/s を超える範囲が所々にあるが，これらの箇所では水深が 1〜2 m 以下で比較的浅いことが図-6.44 よりわかる．河床（砂州）地形の影響と河川地形の格子解像度の不足の両方が

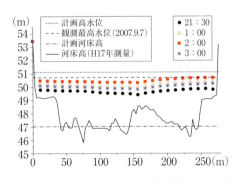

図-6.42 十文字橋付近の水位の横断面図（出典：楳田）

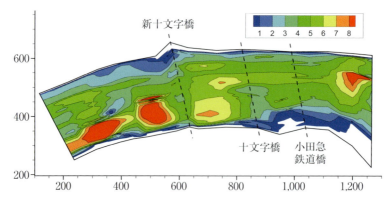

図-6.43 最高水位時の流速分布［(時間 $t=270$ 分 (時刻 2：00)）］(出典：楳田)

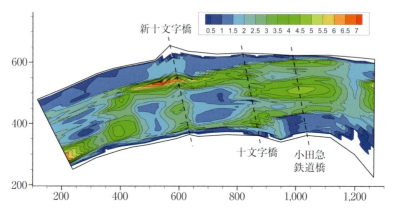

図-6.44 最高水位時の水深分布 [時間 $t=270$ 分 (時刻 2:00)](出典：楳田)

原因として考えられる．各橋梁断面における流速は6 m/s 以下である．十文字橋の右岸寄りにある短い径間で設置された橋脚付近では流速が3 m/s 以下に低減しているのに対して，径間の比較的長い P6 橋脚付近で流速が5～6 m/s 程度と大きく，被災橋脚は出水時も流心部付近にあったことが計算結果からも推定される．P5 周辺の流速は最大で4～5 m/s 程度で，P4 周辺では3～4 m/s 程度である．十文字橋で沈下被害を受けた橋脚は P5 であったが，この周辺で特に大きな流速が出現したわけではないという分析結果であり，2 次元解析では不十分であることを示唆している．そこで **6.3 節** で，橋脚周辺の局所的な領域に対して3 次元的な分析を行い，橋脚底部付近の流れの特徴を把握する [11]．

図-6.44 は水深分布の時間変化を示す．砂州の存在により低水路内の河床変化が激しいため，水深分布も複雑である．新十文字橋上流の右岸の高水敷護岸に沿って河床低下が著しい箇所がある．しかし，この箇所は出水時にあまり速い流れに曝されないことが図-6.43 よりわかる．過去の空中写真を確認した結果，深掘れは砂州の澪筋の固定化に起因していると推測された．

図-6.45 は各橋梁橋脚による水位上昇量を橋脚の流体抵抗力の有無による計算水位の差で表したものである．各橋梁の上流部を中心に橋脚による水位上昇が確認できるものの，最大でも十文字橋上流部で 0.1 m 前後と小さな量であった．

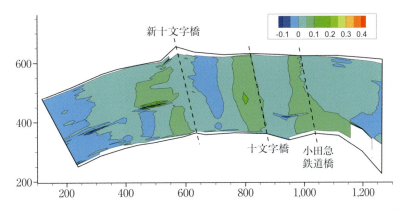

図-6.45 各橋梁橋脚の流体抵抗力の有無による計算水位の差［時間 $t=270$ 分（時刻 2：00）］（出典：楳田）

（3）まとめ

2007 年台風 9 号に伴う出水により被災した十文字橋周辺の酒匂川の河道状況の整理と河道内流況の平面 2 次元解析を行った．その結果，十文字橋断面における観測水位と計算水位はほぼ対応することを確認するとともに，以下のことが推定された．

① 同区間の河床高は計画河床より 3 m 以上低い箇所が所々あり，全体的に河床低下傾向にあった．

② 十文字橋梁の P5 橋脚付近は平水時と出水時とも流心部に位置し，最大 4～5 m/s の流速を受けた．

③ 十文字橋の右岸寄りの橋脚付近では水位が流心部に比べて高く，流速は半分程度であった．

④ 十文字橋の河積阻害率は 10 ％ 近くあったが，最高水位時の橋脚による水位上昇量は 0.1 m 前後であった．

6.3 局所的な流れ

6.3.1 橋脚周辺の流れの解析

6.2 節で示した河道内の流れ解析結果を Delft 3D に入力し，橋脚周辺の 3 次元流れの解析を行った．なお，本解析結果を用いて **6.3.2 項**において橋脚底部周辺の流れ解析を実施する．

（1）入力条件

a．地形形状　地形形状は，被災前後の十文字橋梁調査結果 [10] に示されている深浅測量結果と $\Delta x=1.0$ m，$\Delta y=0.5$～1.0 m のメッシュ幅を用いて作成した．平面メッシュ図を**図 -6.46** に示す．

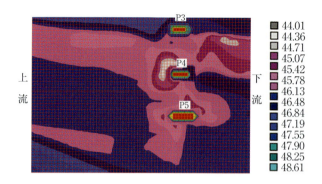

図-6.46 平面メッシュ図(出典：石野)

b．上・下流側境界条件 6.2.3項で求めた時系列流速を上流側境界条件とし，時系列水位を下流側境界条件として入力した．

(2) 解析結果および考察

a．平面流速分布 図-6.47に，最高水位時である9月7日午前2時における平面流速分布(左側が上流)を示す．

図-6.47において，上流側境界条件と同様に，図の下側(河川中央)から上側(左岸)に向けて流速が弱まる状況が解析されている．また，最高流速は橋脚の上流側側面で発生し，それに次ぐ流速が各橋脚間で発生している状況が解析された．

b．橋脚周りの水位分布 図-6.48に，最高水位時である9月7日午前2時におけるP5の橋脚周りの水位分布(左側が上流)を示す．赤いライン部分が橋脚周りの水位である．図-6.48に示すように，最高水位は橋脚の上流側で発生し，最低水位は橋脚の下流側で発生している状況が解析された．

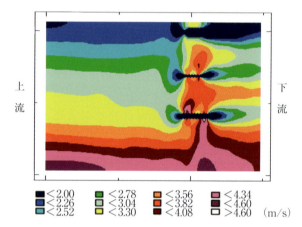

図-6.47 最高水位時9月7日の午前2時における流速分布(出典：石野)

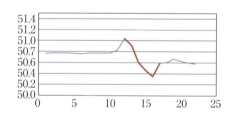

図-6.48 最高水位時9月7日の午前2時におけるP5の橋脚周りの水位分布(出典：石野)

6.3.2 橋脚底部周辺の流れ

洪水時に沈下した橋脚P5の橋脚底部周辺の流れ場についてFLOW 3Dを用いて再現計算を行った．乱流モデルとしてはLESモデルを用い，多孔質抵抗はダルシー則と非ダルシー則の両者の影響を考慮した式を用いた．

（1） 解析条件

P5 周辺の現況の河床高，**6.2.3 項**で得られた P5 上流側のピーク時付近の水位，流速を参照して計算条件を設定した．

- 解析領域：36 m × 14 m × 15 m
- メッシュ数：222 × 100 × 121
- 格子間隔：Δx=0.1〜0.4 m，Δy=0.1〜0.3 m=Δz
- 地盤条件：粒径 0.05 m，間隙率 0.45，水中安息角 40°

なお，洗掘初期の状況から橋脚が沈下することは考えにくいので，ある程度橋脚前面が洗掘を受けた状況下で橋脚が沈下したのではないかと考えて，橋脚の上流側の**図 -6.49（c）**に点線で示される部分があらかじめ洗掘されていると仮定して解析を行った．

- 初期水深：地盤の上から 4.70 m
- 境界条件：上流端；一定流速 3.1（m/s）
  　　　　　下流端；水位一定の自由流出

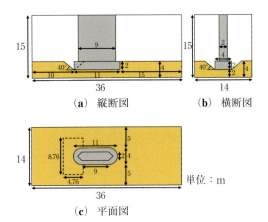

図 -6.49 橋脚 P5 周辺の条件（出典：前野[12]）

（2） 解析結果および考察

図 -6.50 は，橋脚中心の縦断流速分布を示している．図より，橋脚前面の水面付近では橋脚に衝突する流れが上向きになり，水面は堰上げられることがわかる．河床に近い所では橋脚前面の流れは下向きとなり，橋台前面の洗掘孔内では時計回りの渦を形成する．一方，橋脚下流側では渦による上昇流と逆流が発生する．

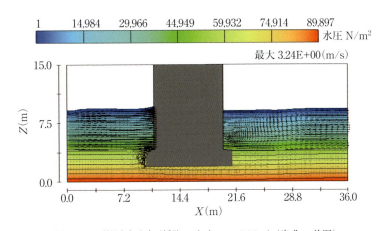

図 -6.50 縦断速分布（橋脚の中心 y = 7.05m）（出典：前野）

図 -6.51 は，橋脚下面直下 5 cm の位置における平面流速分布を示している．図より，橋脚前面から橋脚下部へ浸透した流れは，橋脚側面および橋脚下流側へと流出することがわかる．このことより，礫床河川に設置される橋脚の基礎が浅い場合には基礎下部にも浸透流が発生するため，橋脚の安定性を検討する際には，浸透による橋脚下部の土砂の吸出しの影響も考慮する必要があることがわかる．**図 -6.52（a）**は橋脚上流側，中央，側面，下流側における橋脚下

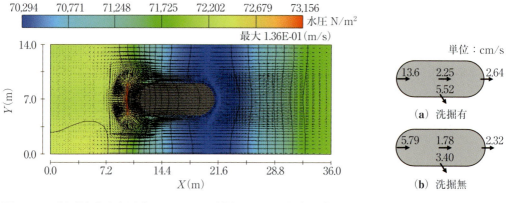

図-6.51 z 断面流速分布図（z=1.95 m，下の橋脚下面から鉛直下向きに 5.0 cm の平面）（出典：前野）

図-6.52 橋脚底面流速（出典：前野）

面直下の浸透流速の大きさ（見かけの流速）を示している．解析結果のデータから，橋脚上流側の浸透流速が 13 cm/s 程度と最も大きく，側面付近で 6 cm/s 程度と橋脚上流側の半分程度となり，橋脚下流端付近ではさらに浸透流速は小さくなり 3 cm/s 程度となることがわかった．間隙率を考慮して実流速に換算すると，それぞれ 30，12，6 cm/s 程度となる．また，**図-6.52**（**b**）は，洗掘が起きていない状況の浸透流速を示している．この図より，洗掘が起きていない場合よりも洗掘が生じたと仮定した場合の方が浸透流速は大きくなることがわかる．このことから，洗掘が進行すると，橋脚下部の土砂の吸出しによる橋脚の沈下の危険性が増すことがわかる．なお，実際の洪水時には，橋脚前面において大きく水位が変動するため，上記で得られる浸透流速に変動成分を割り増しして橋脚の安定性を検討する必要がある．

本節で用いた 3 次元流体解析ソフト Flow3D の主な特徴は，自由表面位置の追跡に VOF（Volume of Fluid）法を用い，また，格子内に橋脚等の幾何形状領域を定義する際に FAVOR（Fractional Area Volume Obstacle Representation）法を用いている点である．さらに，砂地盤を多孔質体と仮定して間隙水の流れも解析できる．橋脚周辺の 3 次元的な流れや橋脚周辺地盤の浸透流を同時に解析することにより，橋脚底部地盤内の流れに関する有用な情報を得た[11]．

6.3.3 橋脚底部地盤からの砂の吸出しに関する考察

ここでは，2007 年台風 9 号に伴う出水により被災した酒匂川十文字橋梁における橋脚沈下被害を対象として，橋脚の沈下原因について考察する．

（1）既往の洗掘に関する文献を用いた洗掘深の推定

A.J.Raudkivi[12] と現地諸元を用いた洗掘深を計算して，被害状況との比較を行い，被害原因を推定する．

十文字橋の橋脚 5P は 2 段橋脚で，上段の幅 b=2.0 m，下段の幅 b=4.0 m である．これらの値を用いて，5P の推定洗掘深 Y_{se} を求めると，Y_{se}=2.05〜3.04 m と計算された．一方，5P の

実測洗掘・沈下深さ Y_{sep} は，2.3〜4.3 m である．したがって，5P 付近で実測された河床高さから判定される洗掘深は，推定洗掘深より大きい．大きな洗掘を受けても横方向に倒壊せず，鉛直方向に沈下したとするには，「基盤からの吸出し」等の追加の考察が必要であると考えられる．

次に，橋脚 6P は 2 段橋脚で，上段の幅 b=1.2 m，下段の幅 b=4.9 m である．これらの値を用いて，6P の推定洗掘深 Y_{se} を求めると，Y_{se}=1.04〜3.87 m と計算された．一方，6P の実測洗掘深 Y_{sep} は，2.3〜3.3 m である．したがって，計算された洗掘深は，実測洗掘深さを包含し，洗掘のみの作用を受けた可能性が高い．

（2） 橋脚底部周辺の浸透流速と砂の移動限界流速の比較による被害原因の推定

6.3.2 項において解析結果として示された橋脚底部地盤内の浸透流速は，(a) 洗掘ありにおいて，断面平均浸透流速 2.25〜13.6 cm/s，間隙内浸透流速 5〜30 cm/s，(b) 洗掘なしにおいて，断面平均浸透流速 1.78〜5.79 cm/s，間隙内浸透流速 4〜13 cm/s である．

また，被害を免れた右岸側橋脚側面に堆積した粗砂と，右岸側橋脚後方に堆積した細砂の粒度試験結果として以下の値が示された．

　　　粗砂の D_{10}=0.9 mm，D_{50}=2.5 mm，D_{max}=19 mm

　　　細砂の D_{10}=0.089 mm，D_{50}=0.21 mm，D_{max}=9.5 mm

ここで，D_{10} は土砂の累積ふるい分け曲線で 10 % に対応する粒径，D_{50} は 50 % に対応する粒径，D_{max} は最大粒径である．

一方，石野ら[11]は，砂礫下での砂の移動限界流速の関係を求めている．さらに，石野ら[13]は明石海峡橋脚周辺の捨石内での現地浸透流速の時系列変動状況を計測し，現地の浸透流速の変動幅は 20 % と求めている．したがって，(a) 洗掘ありの場合において，浸透流速が変動する効果を考えると，間隙内浸透流速の最大値は 6〜36 cm/s となる．一方，十文字橋で採取した砂の最大粒径は 19 mm である．これに対する移動限界流速は，石野ら[14]から，30 cm/s と読み取れる．この値と，上記の間隙内浸透流速との比較から，十文字橋の橋脚下の礫間に存在した砂は，浸透流により流出した可能性が示された．そして，基礎地盤からの砂の吸出しが橋脚沈下の原因と推測される．

引用文献

[1] 長谷川和義：厚別川における河道変動の特徴，平成 15 年台風 10 号北海道豪雨災害調査団報告書，土木学会水工学委員会，pp.142-148，2004．
[2] 渡邊庚玄，野上毅，安田浩保，長谷川和義：谷底平野における氾濫流の挙動を規定する地形の成因，河川技術論文集，第 12 巻，pp.49-54，2006．
[3] 黒木幹男，岸力：中規模河床形態の領域区分に関する理論的研究，土木学会論文集，342 号，pp.87-96，1984．
[4] 末次忠司：河川の防災マニュアル，山海堂，pp.8，2004．
[5] 長谷川和義，山岡勲：発達した交互砂州の性状に関する実験と解析，水理講演会論文集，第 26 巻，pp.31-38，1982．
[6] 石野和男，楳田真也，玉井信行：2004 年福井水害における鉄道橋梁の被災原因の調査解析と今後の長寿命化方

策の検討，河川技術論文集，第 11 巻，pp.157-162，2005.
[7] 細田尚，長田信寿，村本嘉雄：移動一般座標系による開水路非定常流の数値解析，土木学会論文集，No.533/II-34，pp.267-272，1996.
[8] 玉井信行(代表)他：豪雨による河川橋梁災害に関する現地調査，被災原因解明，対策工立案の研究，第 1 章 4 節，河川整備基金平成 18 年度助成事業報告書，2007.
[9] 土木学会編：水理公式集，p.255，1985.
[10] 神奈川県松田町・開成町：十文字橋災害復旧の概要，2007.
[11] 石野和男，楳田真也，前野詩朗，玉井信行：礫床河川において洪水中に発生した橋脚の沈下原因の究明および対策工の研究，水工学論文集，第 54 巻，pp.847-852，2010.
[12] A.J.Raudkivi：Scour at bridge piers, Balkema, Rotterdam, 1991.
[13] 石野和男他：急潮流下における橋脚周辺の捨石洗掘防止工の設計法，土木学会論文集，No.521/2-32，pp.123-133，1995.
[14] 石野和男他：急潮流下における海洋構造物周辺の捨石洗掘防止工，土木学会論文集，No.462/5-18，pp.33-42，1993.

第7章　橋梁に作用する流体力

橋梁は，橋桁と橋脚に分けられる．

橋脚に作用する流体力に関しては，過去に模型実験が行われ，道路橋示方書等に示されているので，その結果を用いた流体力の算定方法を示す．

一方，橋桁に作用する流体力に関しては，過去の水理実験結果が得られなかったため，**7.2 節**で水理実験の結果を示す．本章では，その結果を用いた流体力の算定方法を示す．

7.1　橋脚に作用する流体力の算定方法

橋脚に作用する水平方向の流体力 F_{x1} は式(7-1)で表される．

$$F_{x1} = w\, C_{d1}\, \frac{V^2}{2g}\, A \tag{7-1}$$

ここで，w：水の単位体積重量，V：断面平均流速，g：重力加速度，A：流体の作用面積，C_{d1}：橋脚の抗力係数．道路橋示方書[1]等では，$C_{d1}=0.78$ を採用している．

図-7.1に，円柱の抗力係数に関する既往の実験結果[2]を示す．

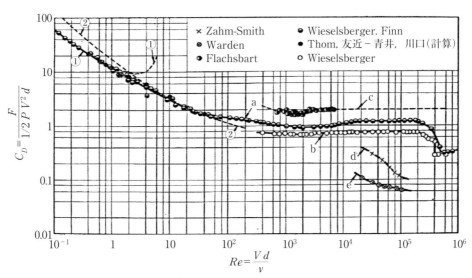

a：円柱，b：有限な円柱（$L=5d$），c：垂直な平板，
d：だ円柱（$a:b=3:1$，長軸 a が流れに平行），e：支柱形（R.A.F.30-Modified）
1. Lambの式　　2. 今井功の式

図-7.1　円柱の抗力係数に関する既往の実験結果（出典：伊藤英覚[2]）

図-7.1の中で，有限な円柱の実験結果は，記号bで示されている．ここで，C_{d1}はRe数に依存し，$1.0 \times 10^3 \leqq Re \leqq 2.0 \times 10^6$の$C_{d1} \fallingdotseq 0.8$，$Re \geqq 2.0 \times 10^6$の$C_{d1} \leqq 0.8$．

一方，通常の洪水流下の橋脚周りのReは，$Re \fallingdotseq 1.0 \times 10^7$である．しかし，現地計測により，$Re \geqq 2.0 \times 10^6$の$C_{d1} \leqq 0.8$を確認した研究は見当たらない．したがって，ここでは，安全側の値としてC_{d1}=0.8を採用する．

7.2 橋桁の滑動限界時に作用する流体力の同定実験

本節では，以下に示す3項目について水理実験を行い，橋桁が滑動する流出限界時の流体力がどのような水理量で表現できるかの基礎実験を行った．
① 定常流の水理実験における水理諸元と橋桁に作用する流体力の測定．
② 現地で発生し調査した橋桁の流出時の水理諸元を使い，①の関係を用いた橋桁流出時の流体力の算出．
③ この橋桁の流出時の流体力と橋桁基礎の耐力の比較．

この検討では，流出限界時の現地の水理諸元を，水理実験の時間平均値を用いた水理諸元と橋桁に作用する流体力の関係に入力して現地の橋桁に作用する流体力を算定し，橋桁基礎が破壊されたことを実証している．なお，橋桁が支承から滑動する限界と，その時に作用する流体力の関係について水理実験を用いて調べた研究は見当たらない．

本節の結果は水理模型実験を用いて考察を進め，橋桁に作用する流体力の算出結果の妥当性を再確認した．なお，桁の模型は，縮尺1/40の鉄道橋のプレートガーダ桁を用いた．

図-7.2にプレートガーダ桁模型全体の状況を，図-7.3にプレートガーダ桁模型の断面を示す．これらに示すように，桁の上面にはレールと枕木のみが設置されていて，流水は，レールと枕木の隙間から上・下流のプレート間を流下できる．

図-7.2 プレートガーダ桁模型全体の状況（出典：石野）

図-7.3 プレートガーダ桁模型の断面
（出典：石野）

7.2.1 検討方法

図-7.4に調査の実験フローを示す．

図-7.4の実験フローに示すように，実験は，大別して以下のように3つの軸に分けられる．
① 静水中の滑動限界時の摩擦係数測定実験　　静水中において，支承に桁を載せた状態で秤を介して水平に桁を引っ張り，移動した時点の水平力を測定し，移動した時点の水平力を桁の重量で除した摩擦係数μを求める実験である．この実験では，桁に錘を載せた状態，および桁を水没させた状態を作り，複数の水平力を求めた．

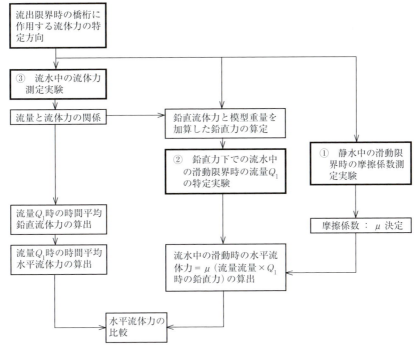

図-7.4 実験フロー（出典：石野）

② **鉛直力下での流水中の滑動限界時の流量 Q_1 の特定実験** 流体力測定実験で用いる水路勾配において，任意の桁の重量に対して定常流を作用させ，桁が流出した限界時の流量 Q_1 等の水理諸元を求める実験を行った．この実験では，桁の重量を変化させるとともに，流水中の滑動限界時の水平流体力 F_1 を求めた．

流水中の滑動限界時の水平流体力 F_1 は，以下の式 (7-2) で定義される．

$$F_1 = \mu \times V_1 \tag{7-2}$$

ここで，μ：滑動係数，V_1：流量 Q_1 時の鉛直力で，$V_1 = F_{V1} + W$，F_{V1}：流量 Q_1 時の流体力測定実験で求めた鉛直流体力，W：桁の自重．

図-7.5 摩擦係数測定実験状況
（出典：石野）

③ **流水中の流体力測定実験** 桁を6分力計により保持し，定常流を作用させ，水理諸元および流体力を測定し求めた流量と測定値流体力の関係を求めた．その関係に②の流水中の滑動限界時に求めた流量 Q_1 を入力して滑動限界時の時間平均値の測定値水平流体力 F_2 を求めた．

図-7.6 滑動限界測定実験状況
（出典：石野）

これらから、F_1 と F_2 とを比較して，両者が等しく，橋桁の滑動限界時に作用する流体力

の同定において，6分力計により測定した時間平均値を用いて評価する妥当性を確認した．

7.2.2 実験結果および考察

図-7.8に「摩擦係数μ×鉛直力／水平力」～「H_3/H_0」の実験結果を示す．ここで，H_3：図-7.10に示した桁下面を原点とした桁前面の水面高，H_0：図-7.10に示した桁の高さ．

図-7.7 流体力測定実験状況

(出典：石野)

図-7.8において，赤線が水路勾配$I=1/169$，青線が水路勾配$I=1/300$の実験結果である．図-7.8中の169，300は，$1/I$の値である．

各線の中で，実線が①の摩擦係数測定実験で浮力を考慮しない実験結果を用いたもの，破線が①の摩擦係数測定実験で静水中の浮力を考慮した実験結果を用いたものである．

ここで，図-7.9に流水中のおける桁周りの水面形状を示す．桁に作用する各外力の方向と桁前方の水面の定義については図-7.10に示している．

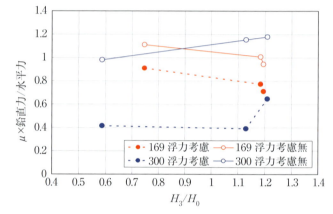

図-7.8 「摩擦係数μ×鉛直力／水平力」～H_3/H_0の実験結果

(出典：石野)

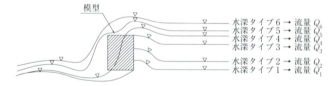

図-7.9 流水中のおける桁周りの水面形状（出典：石野）

図-7.9の流水中のおける桁周りの水面形状に示すように，流体力測定時の水面は，桁の上面を超えると上・下流のプレート内を通過する．すなわち，この時点の浮力は，静水時の浮力よりも少ない．すなわち，図-7.8において流水中の摩擦係数μは，静水中の浮力ありと，同なしの中間に位置する．また，図-7.8における静水中の浮力ありと，同なしの摩擦係数μ×鉛直力／水平力の値は，1.0の上下に分布している．

以上から，水理実験による検証を経て，流出限界時の6分力計により測定した時間的な平均値を用いて流出限界時の流体力が算定できることを再確認した．

なお，このような橋桁が支承から滑動する限界とその時に作用する流体力の関係について水理実験を用いる方法は，波や津波が桁に作用する場合に発生する衝撃波力を特定する場合に有効である[3]．

7.3 橋桁に作用する流体力の算定方法

橋桁に作用する流体力 F_x は式 (7-3) で表される．

$$F_x = w C_D \frac{V^2}{2g} A \tag{7-3}$$

ここで，w：水の単位体積重量，C_D：橋桁の抗力係数，V：断面平均流速，g：重力加速度，A：流体の作用面積．

また，**図-7.10** に桁に作用する各外力の方向と桁前方の水面の定義を示す．ここで，h_0：桁の下面と水底の距離，H_0：桁の高さ，h_1：桁がない状態での水深，H_1：桁がない状態での桁の下面と水面の距離，h_2：桁がある状態での 40 m 上流の水深，H_2：同左の桁の下面と水面の距離，h_3：桁がある状態での桁前面の水深，H_3：同左の桁の下面と水面の距離，F_x：桁に作用する水平流体力，F_z：桁に作用する鉛直流体力，M_y：桁の下面中央を基点とした流体力のモーメント，f_u：桁の前面支点での鉛直流体力，f_d：桁の後面支点での鉛直流体力，W：桁の自重．

一方，架設年が旧い鉄道橋，トラス橋では，流水方向に対して任意の角度を持つ橋梁が存在する．ここでは，**図-7.11** に示す定義で，迎え角 $\theta = 60°$，$45°$ における流体力を示す．

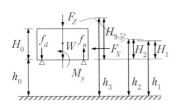

図-7.10 桁に作用する各外力の方向と桁前方の水面の定義（出典：石野）

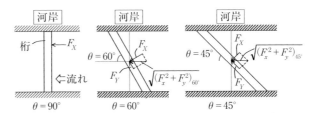

図-7.11 迎え角 $= 90°$，$60°$，$45°$ における流体力の定義（出典：石野）

ここでは，h_2 の諸元を用いて，C_{d2}（橋桁の抗力係数）等を算出している．以下に，流体力の算出手順を示す．

① 架橋地点における水深 h_1，流速 V，河川勾配 i，迎え角 θ の算出．
② h_0：桁の下面と水底の距離，H_0：桁の高さ，W：桁の自重の算出．
③ 迎え角 θ における実験値「$h_1/h_0 \sim h_2/h_0 \sim i$」の関係を用いた h_2，「$H_1/H_0 \sim H_2/H_0 \sim i$」の関係を用いた H_2 の算出．
④ 迎え角 θ における実験値「$H_1/H_0 \sim C_D \sim i$」の関係を用いた C_D の算出．
⑤ 式 (7-2) を用いた迎え角 θ における F_x の算出
⑥ なお，迎え角 $\theta = 60°$，$\theta = 45°$ における $\sqrt{(F_x^2 + F_y^2)_{60°}}$，$\sqrt{(F_x^2 + F_y^2)_{45°}}$ は，それぞれ実験値「$H_2/H_0 \sim \sqrt{(F_x^2 + F_y^2)_{60°}}/F_x \sim i$」の関係，「$H_2/H_0 \sim \sqrt{(F_x^2 + F_y^2)_{45°}}/F_x \sim i$」の関係を用いて算出する．

⑦ 迎え角 θ における実験値「$H_2/H_0 \sim f_u/F_x \sim i$」の関係を用いた f_u、「$H_2/H_0 \sim f_d/F_x \sim i$」の関係を用いて f_d の算出する．

ここで、道路トラス橋、合成桁橋では、自重を超える f_u, f_d は発生しない．**8章8.1節**に示すが、このことから道路トラス橋、合成桁橋では、水平流体力に対する支承ボルトのせん断抵抗を評価することになる．したがって、道路トラス橋、合成桁橋では、f_u, f_d の諸元を示さない．

なお、道路トラス橋では、迎え角が 90°で流木の堆積を想定して桁前面の手摺を 1 m の高さの板で塞いだ条件での水平力 $F_{x90°}{'}$ の実験値を求めている．この関係を用いる場合には、「$H_2/H_0 \sim F_{x90°}{'}/F_{x90°} \sim i$」の関係を用いて、$F_{x90°}{'}$ を求める．

7.3.1 鉄道プレートガーダ橋

ここでは、鉄道プレートガーダ橋における諸元を示す．

（1）迎え角 90°における諸元

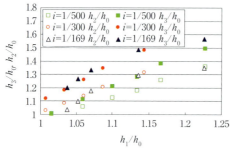

図 -7.12 「$h_1/h_0 \sim h_2/h_0 \sim i$」の関係（出典：石野） 　　図 -7.13 「$H_1/H_0 \sim H_2/H_0 \sim i$」の関係（出典：石野）

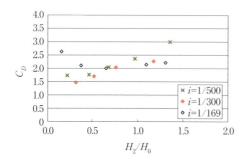
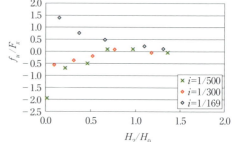

図 -7.14 「$H_1/H_0 \sim C_D \sim i$」の関係（出典：石野） 　　図 -7.15 「$H_2/H_0 \sim f_u/F_x \sim i$」の関係（出典：石野）

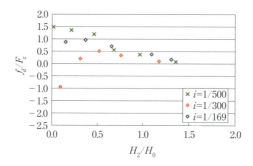

図 -7.16 「$H_2/H_0 \sim f_d/F_x \sim i$」の関係（出典：石野）

（2） 迎え角 60°における諸元

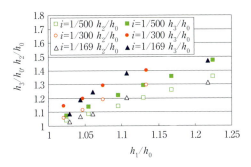

図-7.17 「$h_1/h_0 \sim h_2/h_0 \sim i$」の関係（出典：石野）

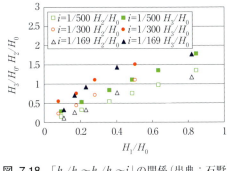

図-7.18 「$h_1/h_0 \sim h_2/h_0 \sim i$」の関係（出典：石野）

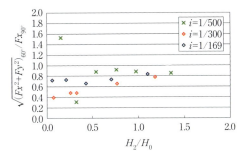

図-7.19 「$H_2/H_0 \sim \sqrt{(F_x^2+F_y^2)_{60°}}/F_x \sim i$」の関係（出典：石野）

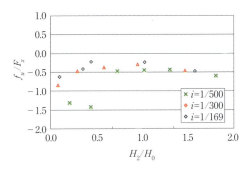

図-7.20 「$H_2/H_0 \sim f_u/F_x \sim i$」の関係（出典：石野）

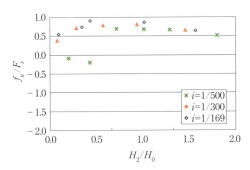

図-7.21 「$H_2/H_0 \sim f_d/F_x \sim i$」の関係（出典：石野）

（3） 迎え角 45°における諸元

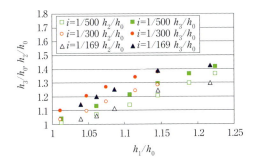

図-7.22 「$h_1/h_0 \sim h_2/h_0 \sim i$」の関係（出典：石野）

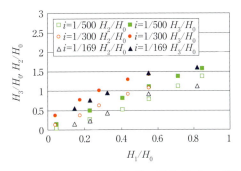

図-7.23 「$H_1/H_0 \sim H_2/H_0 \sim i$」の関係（出典：石野）

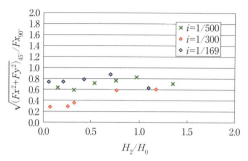

図-7.24 「$H_2/H_0 \sim \sqrt{(F_x^2+F_y^2)_{45°}}/F_x \sim i$」の関係（出典：石野）

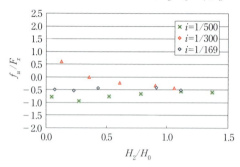

図-7.25 「$H_2/H_0 \sim f_u/F_x \sim i$」の関係（出典：石野）

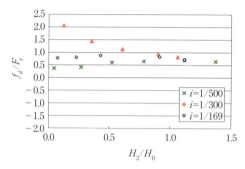

図-7.26 「$H_2/H_0 \sim f_d/F_x \sim i$」の関係（出典：石野）

7.3.2 道路トラス橋

ここでは，道路トラス橋における諸元を示す．

（1）迎え角90°における諸元

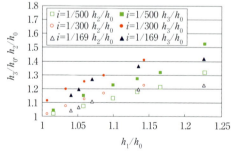

図-7.27 「$h_1/h_0 \sim h_2/h_0 \sim i$」の関係（出典：石野）

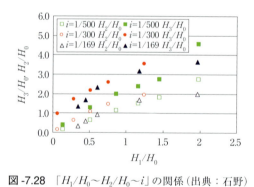

図-7.28 「$H_1/H_0 \sim H_2/H_0 \sim i$」の関係（出典：石野）

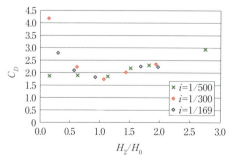

図-7.29 「$H_1/H_0 \sim C_D \sim i$」の関係（出典：石野）

図-7.30 「$H_2/H_0 \sim F_{x90°}'$」の関係（出典：石野）

（2） 迎え角60°における諸元

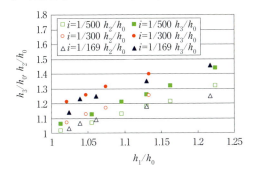

図-7.31 「$h_1/h_0 \sim h_2/h_0 \sim i$」の関係（出典：石野）

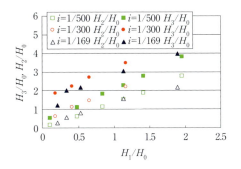

図-7.32 「$H_1/H_0 \sim H_2/H_0 \sim i$」の関係（出典：石野）

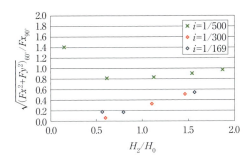

図-7.33 「$H_2/H_0 \sim \sqrt{(F_x^2+F_y^2)_{60°}}/F_x \sim i$」の関係（出典：石野）

（3） 迎え角45°における諸元

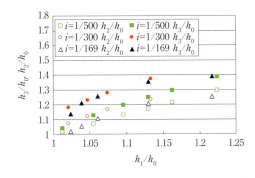

図-7.34 「$h_1/h_0 \sim h_2/h_0 \sim i$」の関係（出典：石野）

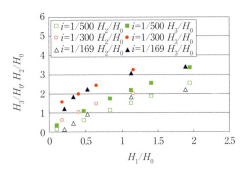

図-7.35 「$H_1/H_0 \sim H_2/H_0 \sim i$」の関係（出典：石野）

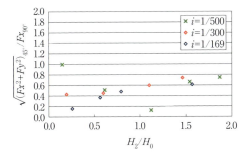

図-7.36 「$H_2/H_0 \sim \sqrt{(F_x^2+F_y^2)_{45°}}/F_x \sim i$」の関係（出典：石野）

7.3.3 道路合成桁橋

ここでは，道路合成桁橋における諸元を示す．

（1） 迎え角90°における諸元

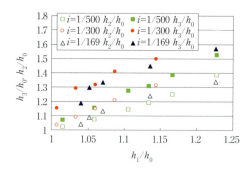

図-7.37 「$h_1/h_0 \sim h_2/h_0 \sim i$」の関係（出典：石野）

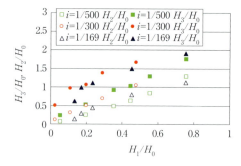

図-7.38 「$H_1/H_0 \sim H_2/H_0 \sim i$」の関係（出典：石野）

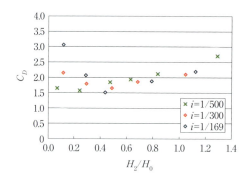

図-7.39 「$H_1/H_0 \sim C_D \sim i$」の関係（出典：石野）

7.4 局所的現象により橋梁に作用する力

7.4.1 波状跳水による吊り橋の流出[4]

4章4.1.2項で示した2009年の台風8号（台風Morakot）による台湾の特徴的な橋梁の被害例の一つとして，波状跳水の発生により，その波峰が吊り橋の桁に作用して流出した橋梁が挙げられる．本項ではその被害要因を示す[4]．

波状跳水が発生した場所は，**図-7.40**に示す高雄県甲仙郷の旗山（Cishan）渓で，今回被害の起きた橋梁上流に頭首工が設置されている．また，**図-7.41**は，住民が洪水の様子を撮影したビデオのコマ撮りを合成したものである．さらに，**図-7.42**は落橋した状況を示した後日の写真である．**図-7.41**に示されるように，水面にうねりが生じ，3波目まで識別できる．そして，2波目の峰部が吊り橋の桁に衝突したことにより流失したことが判別できる．上流側には

図-7.40 旗山渓の流れる高雄県甲仙郷と被害橋梁上流に設置された頭首工（河川内の下から2本目が落橋した吊り橋）［出典：Google Earth（左），Google Map を改変（右）］

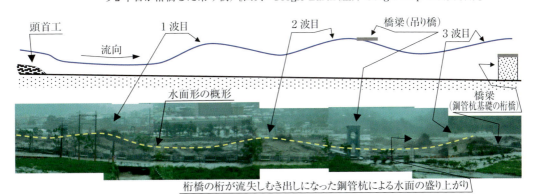

図-7.41 ビデオ撮影された旗山渓における洪水流（波状跳水）の様子［出典（地元有志）に加筆］

図-7.40 に示すように頭首工が設置されており，その頭首工が低落差構造物となって，その直下流側でフルード数が2程度の射流が形成され，さらに，下流側に架橋されている桁橋による堰上げ効果によって波状跳水が形成されたものと考えることができる．なお，図-7.41に映る3波目前面の大きな水面の盛り上がりは桁橋の桁が流失した後のむき出しになった鋼管杭に流水が衝突した結果のものであると推察される．図-7.43は，洪水後の桁橋が設置されていた場所の写真である．図-7.43に示すように該当する場所に倒壊した鋼管杭の残骸が認められる．

従来，系統的な検討のもと，長方形断面水路および台形断面水路における波状跳水の流況とその諸特性が明らかにされている [5~7]．波状跳水の流況については，レイノルズ数が無視できる規模の流れでは，射流のフルード数と水路断面形，水路勾配の変化によって違いが認められるようになる．この場合，現地の被災写真等により河岸側

図-7.42 落橋した吊り橋の洪水後の状況
（出典：石野）

壁に勾配があることが認められるため，台形断面水路における波状跳水と想定して説明を行う．

現地の被災写真等により，水路断面形は側壁勾配 $1:m$ の m 値は 1.5〜2 程度と推察される．現地航空写真より，現地河川の河川幅は 70 m 程度となるため，水面の凹凸が生じる上流での射流水深 h_1 を 3 m 程度と見積もれば，水路幅 b と h_1 との比であるアスペクト比 b/h_1 が 23 程度と考えられる．河床勾配については，周囲が市街地であることと現地地図を参考にすれば，緩勾配であろうことが推測できるが，ここでは水平として考える．ビデオによれば，流れの流速 V（水面の漂流物の速度を基に試算）は 7〜8 m/s となるため，射流のフルード数は 1.3〜1.5 と推算される

図 -7.43 流出した桁橋の鋼管杭の残骸（図 -7.42 の 3 波目付近の水面の盛り上がりの原因）
（出典：石野）

$[F_1 = V_1/(g\,D_1)^{1/2}$．$F_1$：跳水始端フルード数，$g$：重力加速度，$D_1$：水理水深]．従来の台形断面水路における波状跳水に関する研究 [6] で，その流況は図 -7.44 のように分類され，その形成範囲も明らかにされている（F_{1A}：1 波目山頂部の水面が砕波しない対称な波状跳水が形成さ

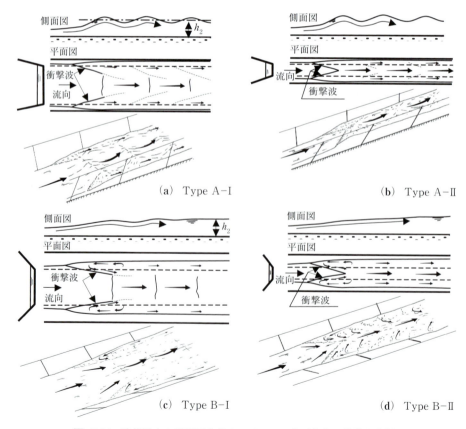

(a) Type A-I (b) Type A-II

(c) Type B-I (d) Type B-II

図 -7.44 波状跳水の流況区分 $[1.2 < F_1 \leqq F_{1A}]$（出典：後藤ら [6]）

れる上限のフルード数).上述の条件と各流況の形成範囲とを比較すれば,流況は**図-7.44**のType B-Iに対応する.

この流況の場合,従来の研究の結果[6]に基づけば,1波目の波峰水深は 3.9～4.6 m,波長は約 35 m と計算される.一方,現地で形成された現象の波状水面1波目の水深および波長について,**図-7.41** に示される河川に沿って設置されている高欄の高さを参考にして見積もれば,山頂部の水深は約 4 m,波長は約 35 m となり,研究結果とほぼ対応する.なお,橋梁に衝突しているのは2波目山頂部であるが,この流況の場合,山頂部の水深が流下方向に徐々に大きくなる特性を持った流況であり,室内実験での結果によれば,2波目山頂部の水深は,1波目山頂部の水深の約1.1倍弱程度大きくなる.この知見と**図-7.41**より見積もられた結果とを照らし合わせてみても,従来の研究結果との対応が認められる.このように,現地における現象は,従来の台形断面水路における波状跳水の研究結果により説明することができる.

今後,頭首工等の低落差構造物と橋梁等の堰上げ効果をもたらす構造物群との位置関係,地形条件(勾配や水路断面形等)によっては日本国内でも発生することが考えられるため,設計においては波状跳水の形成に留意することが望ましい.

7.4.2 日本で発生した豪雨による吊り橋の倒壊事例

(1) 五ヶ瀬川の下流の吊り橋(うさぎ橋)の倒壊状況[8]

2005(平成17)年台風14号による豪雨により1992年に完成した吊り橋形式の歩道橋(うさぎ橋)が破壊された.豪雨の状況は,**2章2.1.2項**を参照されたい.**図-7.45**に見られるように,完成13年後の新しい桁に流水・流木が作用して,桁が破壊され,架け替えが必要と判断された.

(2) 川内川中流域の吊り橋(久住橋)の倒壊[9]

2006年7月鹿児島県北部を襲った豪雨のため,川内川中流域の鶴田ダム(さつま町神子)へ

図-7.45 1992年に完成した歩道橋(うさぎ橋)
(出典:石野)

の瞬間的な流入量は,過去最大値の約1.5倍の 4,040 m³/s を記録した.設計時に「100年に1度の洪水」を想定し,上限とした計画洪水流量同 4,600 m³ に迫る量であった.これまでの記録は,1993年の8月1日に観測されていた.

国土交通省鶴田ダム管理所によると,瞬間最大流入量を記録したのは7月22日午後3時28分であった.同管理所では,同日午後2時40分から23日午後1時すぎまで,緊急放流に当たる「異常洪水時の操作」を行い,流入量に近い水量を放流したが,ダム内の水量は減少せず,満水時の99%前後で推移したという.

川内川中流域の吊り橋(久住橋)は,昭和39年12月に完成している.**図-7.46～7.48**から,

第 7 章　橋梁に作用する流体力

図-7.46　久住橋．洪水により桁に流水が作用し倒壊直前の状況［出典：消防科学と情報（消防科学総合センター）］

図-7.47　久住橋．洪水により桁が流出しケーブルアンカーが移動した状況（出典：石野）

洪水により桁に流水が作用し，桁が流出しケーブルアンカーが移動した状況がわかる．

以上のように，吊り橋は，洪水により桁に流水が作用することにより，建設年次が新しいものでも桁が流出し，建設年次が古いものは桁が流出するとともに，ケーブルアンカーが移動する被害を受けた．したがって，吊り橋を計画するに当たっては，予想される最高水位から十分な桁下高を考慮する必要性が示されている．

図-7.48　久住橋．洪水により流出した桁の状況（出典：石野）

7.4.3　流木の集積が作用流体力に及ぼす影響

近年，各地で経験したことがないゲリラ豪雨と称される豪雨が頻発している．2013（平成25）年7月28日未明から発生した豪雨により山口県，島根県では未曾有の被害を受けた．これらの豪雨災害の特徴としては，被害が主に比較的勾配の急な中上流域の中小河川で発生していたことと，洪水時に大量の流木や枝を流下させていたことである．特に，橋梁の橋脚や欄干に流木等を集積することで橋の上流側が堰上げられ，氾濫を促進させている箇所が随所に見られた．それに加えて，この豪雨により，JR山口線では，3箇所で橋梁が図-7.49に示すように流失し，いずれの箇所も橋脚が根の部分で曲げモーメントによると考えられる破壊が生じてい

図-7.49　橋梁の破壊状況（山口県阿武川阿東徳佐鍋倉付近）（出典：前野）

た．このことから，橋脚や橋梁上部工に流木が集積することで，橋脚には設計を相当上回る流体力が作用していたことが推察される．

洪水時に大量の流木が橋梁等の水理構造物に集積するなどして，上流側での堰上げを引き起こして欄干を越えるような流れが作用した時，どの程度の流体力が橋梁に作用するのかについて検討した研究は見られない．以上のことを考慮し，橋梁被災時に橋梁に作用する流体力を明らかにすることを目的として，急勾配中小河川を模擬したモデルを設定して，欄干を越えるような流れが生じた場合で，なおかつ，流木が集積した場合の橋梁への作用流体力を3次元流況解析により検討する．

（1）解析モデルの構成

本書では，（株）フローサイエンスジャパンのFLOW-3Dを用いた流況解析により得られる水理量を用いて，橋梁上下流の2断面間での運動量保存則を用いて橋梁に作用する流体力を検討した．FLOW-3Dは汎用3次元熱流体解析ソフトウェアで，特に自由表面を高速・高精度に解くことに優れている．

橋梁に作用する流体力は，構造物前面の水圧を積分すれば算出できるが，欄干等の複雑な形状を有する橋梁を越橋するような流れが発生する際に橋梁に作用する流体力Fを求めることは容易ではないため，ここでは，橋梁の上流と下流に距離L離れた位置に検査断面1，2を設け，断面間の水をコントロールボリュームCVと考え，CVにおける運動量保存則を用いて，式(7-4)により算出する（**図-7.50**参照）．CVにより作用流体力を求めることの妥当性は前野ら[10]によって確認されている．

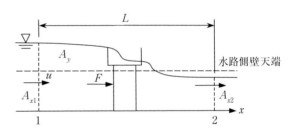

図-7.50 橋梁上下流の検査断面（出典：前野）

$$F = \left(\int_{A_{x1}} \rho u^2 \, dA + \int_{A_{x1}} p \, dA \right) - \left(\int_{A_{x2}} \rho u^2 \, dA + \int_{A_{x2}} p \, dA \right) - \int_{A_y} \rho u v \, dA \\ - \int_{A_{zb}} \tau_b \, dA - \int_{A_{yw}} \tau_w \, dA + \rho g \int_V V_F \, dV \sin\theta \tag{7-4}$$

ここで，ρ：水の密度，u, v：各計算セルのx, y方向（水路横断方向）の流速，A_{x1}, A_{x2}：上下流の検査断面の流水断面積，A_y：水路側壁の天端から氾濫する流水断面積，p：各計算セルの圧力，τ_b, τ_w：各計算セルの河床および水路側壁のせん断応力，A_{zb}, A_{yw}：河床および水路側壁の面積，g：重力加速度，V：各計算セルの体積，V_F：各計算セルの水の体積占有率，θ：水路縦断勾配．

河床および水路側壁のせん断応力は，式(7-5)から算出した．ただし，摩擦速度は，滑面もしくは粗面によって対数分布式(7-6)あるいは式(7-7)を用いた．相当粗度k_sは，マニングの粗度係数nからマニング・ストリクラーの式を用いて算出した．

$$\tau = \rho u_*^2 \tag{7-5}$$

$$\frac{u}{u_*} = 5.5 + 5.75 \times \log_{10} \frac{u_*(y-y_0)}{\nu} \tag{7-6}$$

$$\frac{u}{u_*} = 8.5 + 5.75 \times \log_{10} \frac{(y-y_0)}{k_s} \tag{7-7}$$

ここで，u_*：摩擦速度，ν：動粘性係数，$y-y_0$：河床および水路側壁とセルの中心との距離．

（2） 橋梁に作用する流体力の検討

a．解析の条件　現地調査の結果，図-7.49で示したような勾配が急な中小河川で円柱橋脚が曲げモーメントによって破壊していたこと，また，流木が集積して橋脚の欄干を越流していたことを考慮して，勾配1/100，長さ40 m，幅15 mの水路の縦断方向中央に，直径2 m，高さ3 mの円柱橋脚を設置し，上部工として床版幅4 m，高さ0.8 mの欄干を設置した（**図-7.51**）．また，橋梁部分の相当粗度はコンクリート構造物を想定し$k_s=0.002$ m（$n=0.015$），河床の相当粗度は主に礫で構成された河床を想定し$k_s=0.13$ m（$n=0.03$）である．側壁は，その影響をなるべく少なくするため，$k_s=0.0001$ m（$n=0.009$）とした．なお，相当粗度はマニング・ストリクラーの式(7-8)を用いてマニングの粗度係数から算出した．

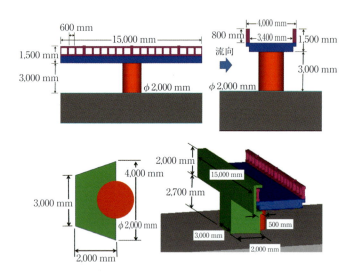

図-7.51　橋梁のモデル図［正面，側面，付加した流木（橋脚部の平面図，鳥瞰図）］（出典：前野[10]）

$$n = \frac{k_s^{1/6}}{7.66\sqrt{g}} = 0.042 k_s^{1/6} \tag{7-8}$$

流木，枝，根等が大量に集積すると，水はほとんど通過しなくなるという証言，および坂野[11]が，直径20 cmの流木の場合に空隙率を0.5と想定していることから，流木は**図-7.49**で示したように枝や根が大量に集積したような流木群を想定した透過率0.1の構造物を橋梁上流側の欄干部分を覆うように設置した．橋脚部分には，流木を円柱の上流側半分を台形柱状に覆うように集積させ，欄干部分には欄干から床版までをコの字型に集積させた．**図-7.51**では欄干と橋脚部分に集積した流木群の領域を緑色の部分で示している．これは，刻々と変わる集積形状の代表的な形を想定したものである．メッシュサイズは，上流端から15～25 m区間は各方向0.1 mの立方体格子とし，上下流端で 方向の格子間隔が0.25 mとなるよう徐々に変化

させた.

本書では，中程度の洪水時に想定される水深が橋脚の高さの半分程度の Case 1，計画高水位をやや上回る程度を想定して水深が橋脚の高さをやや下回る Case 2，最近の記録的豪雨により発生頻度の増している流水が越橋する Case 3，越橋し，さらに流木が集積した Case 4 の4つで解析を行った．表 -7.1 に各ケースの解析条件を示す．各ケースで式 (7-5) の運動量保存則によって橋梁に作用する流体力を求めた．その際，図 -7.50 に示した断面間の距離 L は，図 -7.52 に示す橋梁を中央に挟んだ 16 m，20 m，24 m の 3 ケースとした．なお，流水が越橋するケースについて，水路側壁からの氾濫はないものとした.

表 -7.1 各ケースの流入条件（出典：前野 [10]）

Cace	流量 Q (m³/s)	水深 h (m)	流速 u (m/s)
1	98.3	2.05	3.2
2	133.2	2.40	3.7
3	230.3	4.15	3.7
4	230.3	4.15	3.7

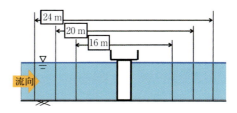

図 -7.52 検査断面間の距離（概略図）
（出典：前野 [10]）

b．解析結果および考察

① 水面形　　図 -7.53 に各ケースの水面形と圧力分布を示す．また，図 -7.54 に Case 3 と Case 4 の鳥瞰図を示す．これらの図より，越橋しない場合（Case 1，Case 2）は，水路中央周辺の橋脚上流側では高速流が橋脚に衝突して水面が盛り上がり，下流側で水面が低下していることがわかる．橋脚より下流では，橋脚による水面の上下動が徐々に減少し，安定した流れになっている．越橋する場合（Case 3，Case 4）は，流水が欄干によって堰上げられ，その後，欄干の間を通過し落下することがわかる．Case 4 では流木が存在することによって Case 3 よりもさらに堰上げられて上流側の欄干の上を越えて流れるようになる．床版上で

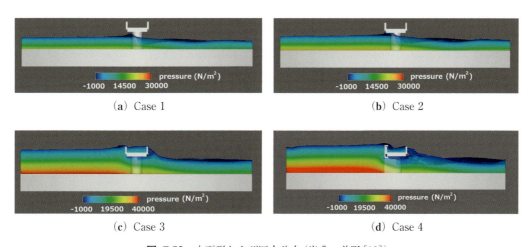

図 -7.53　水面形および圧力分布（出典：前野 [10]）

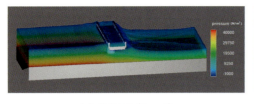 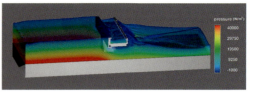

(a) 流木なし（Cace 3）　　　　　　　　　　(b) 流木あり（Cace 4）

図-7.54　流木の有無による流れの変動（鳥瞰図）（出典：前野［10］）

波打つような激しい流れとなり，さらに橋梁後方でも激しい流れとなっている．橋梁より下流側の水面の乱れについてみると，図-7.54の鳥瞰図からもわかるようにCase 3では橋脚から離れると水面は安定してくるが，Case 4では下流端付近まで水面の乱れが生じている．

② 流速分布　　図-7.55に水路中央断面の縦断流速分布，図-7.56に橋梁付近の流速分布を示す．すべての格子点での流速ベクトルを表示すると確認しにくいので2～6個置きに表示している．各ケースとも橋脚より数m以上上流は概ね一様な流れであることがわかる．橋梁に近付くにつれ，流速が徐々に遅くなり，橋梁より下流側では流向が多方向に向く乱れた流れとなっている．特に，Case 3では図-7.56（c）より，越橋した流水の一部は橋脚方向に流れていることから，橋脚の後方で渦が生じていると考えられる．Case 4は，図-7.56（d）に見られるように，透過率0.1の障害物を設置したため，障害物を通過する局所流速が大きくなっている．図-7.55（d）に見られるように，床版からの落水は水面に叩きつけられ，その流れは河床付近にまで達し，大きく水面を乱している．また，Case 3と同様に円柱後方での逆流も見られる．

③ 流体力　　表-7.2は，各ケース，2断面間の距離の違い，および解析経過時間別の橋梁に作用する流体力を示している．また，図-7.57は表-7.2の流体力を図示したものである．これらの図表より，各流体力はある程度定常状態になっているものの，時間的に変動してい

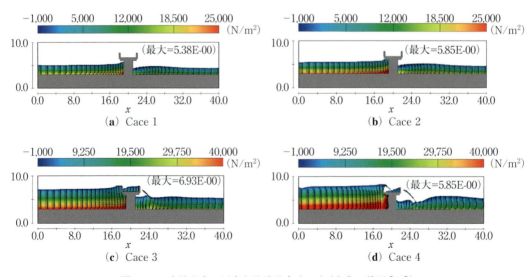

図-7.55　水路中央の圧力と流速分布（60 s）（出典：前野［10］）

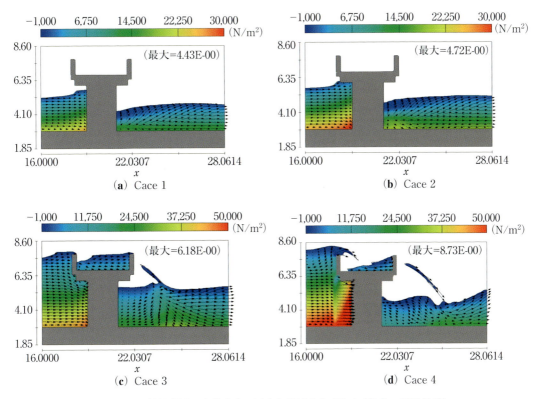

図 -7.56 橋梁付近，水路中央の圧力と流速分布（60 s）（出典：前野 [10]）

表 -7.2 ケース，2 断面間の距離，解析時間別の橋梁に作用する流体力（出典：前野 [10]）

Case	距離	橋梁に作用する流体力 (kN)								平均値
		16 m			20 m			24 m		
	時間	50 s	55 s	60 s	50 s	55 s	60 s	50 s	55 s	60 s	
1		40.0	40.4	36.0	37.2	38.1	31.4	31.5	33.6	33.0	35.7
2		45.6	48.0	43.0	52.3	55.6	49.8	43.6	49.4	34.3	46.8
3		222.7	229.7	216.7	223.5	226.8	221.4	223.3	231.6	237.3	225.9
4		454.6	451.5	462.8	469.3	456.6	472.1	485.1	460.2	468.1	464.5

図 -7.57 ケース，2 断面間の距離，解析時間別の橋梁に作用する流体力（出典：前野）

る．これは，橋梁下流部での水面が時間的に変動していることが原因と考えられる．また，2 断面間の距離の違いによって流体力に差が生じている．これは，橋梁付近での強度の水面変動による非定常性が影響していることが考えられる．さらに，橋梁に働く流体力と比較し

た河床面と水路側壁のせん断力の割合の平均が，Case 1 では 65 %，Case 2 では 58 %，Case 3 では 20 %，Case 4 では 14 % 程度となっており，水深が大きいケースほどせん断力の占める割合が小さくなることがわかった．以上のように，時間的かつ運動量保存則の適用区間により流体力は変化するが，平均的には橋梁に作用する流体力を評価できると考えられる．そこで，以下では**表 -7.2** の平均値を用いて橋梁に作用する流体力を検討する．

流水が越橋しない Case 1 と Case 2 を比較すると，橋脚部の水深が大きくなることで作用する流体力が約 36kN から 47kN と大きくなるが，顕著に大きくなるわけではない．一方，越橋する Case 3 になると，流体力が約 226 kN となり，Case 2 に比べて 5 倍程度になっているため，欄干や床版が受ける流体力がかなり大きくなることで，橋梁の破壊の可能性が相当大きくなる．さらに，越橋に加えて流木が集積した Case 4 では，約 465 kN となり，流木が集積していない場合に比べて，流体力が 2 倍程度となり，流木の影響がかなり大きいことがわかる．以上より，橋梁に作用する流体力は，流水が越橋しない Case 2 に比べて最大で約 10 倍近い値になる．このことにより，**図 -7.40** で示したような橋梁の被害を防ぐためには，近年多発する豪雨により，容易に越橋する条件下での流体力を考慮した補強が必要である．

c．結論 本書では，水深の上昇に伴う橋梁に作用する流体力の変動および流木が橋梁に集積することによってその流体力がどのような影響を受けるのかについて検討した．以下に得られた主要な結論を示す．

1) 橋梁に作用する流体力は，FLOW-3D の 3 次元流況解析による水理量を用いて計算できる．
2) 橋梁に作用する流体力は，流水が欄干および床版を越えることで，越橋しない場合の 5 倍程度になる．また，流水が欄干を越えて流れる場合，流木群が集積することで流木がない場合の 2 倍程度になる．
3) 近年多発する豪雨により，流水は容易に越橋し，流木は欄干や橋脚に集積する．中程度の洪水で想定されている水深と比較すると，10 倍程度の流体力が橋梁に作用するため，容易に越橋する条件下での流体力を考慮した補強が必要である．
4) 流木を大局的に模擬したため，局所的な影響が考慮されていない．実際の流木群は，橋脚や欄干に巻きつくように集積するので，それに近い障害物を設置し解析することが望ましい．

本書では，研究の第 1 段階として固定床で解析したため，河床変動が考慮されていない．特に，橋脚部の局所洗掘は，流況の変化のみならず，橋梁に作用する流体力にも影響すると考えられるため，今後は橋脚周辺の洗掘を考慮した流況解析を行う必要がある．

7.5 付帯設備に作用する流体力：高欄，併設歩道橋等

4 章 4.1.1 項に述べたように，2009 年 8 月に兵庫県で豪雨災害が発生した．橋梁被害としては，桁の流出が 14 橋，桁の変形が 1 橋，橋脚沈下が 2 橋，橋台損壊が 2 橋，取付け部流出が 5 橋の計 24 橋で，1 つの洪水では近年稀に見る被害橋梁数となった．なお，この他に欄干破損が 5 橋程度見られた．これらの中で，以前には見受けられなかったものに，桁が変形，欄干

が取付け部から剥がれたものがある．本節では，これらの発生原因および対策方法について示す．

7.5.1 歩道橋の鋼製桁の変形の発生要因と対策方法[12]

図-7.58，7.59 に見られるように，河野原橋（赤穂郡上郡町）左岸側の前面部の歩道橋鋼製桁が 0.35〜1.01 m の高さで永久変形している．

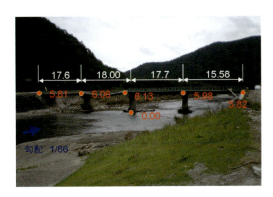

図-7.58 河野原橋（赤穂郡上郡町）の全景（出典：石野）

図-7.59 河野原橋の詳細
（出典：石野）

この桁は，左岸側の痕跡水位により水没していたことがわかっている．この状況を加味して変形要因を検討すると，図-7.60 に示す水理実験における水没した桁の前面下端からの流れの剥離状況が思い浮かぶ．この桁前面下端からの流れ剥離を考慮して，上載荷重としての桁上の水圧を桁に作用させ，1.01 m の変形を生じさせる水圧を求めた．河野原橋歩道橋は，車道部と歩道部が分離した構造となっており，歩道部は，幅員 1.9 m，支間長 18.0 m の鋼桁・鋼床版橋で，その断面形状を図-7.61 に示す．また，表-7.3 は物理定数および断面諸元を示したものである．桁に作用した水圧を求めるにあたり，応力と変位の関係を図-7.62 に示すように考え，降伏応力以降は変形のみ進行し，応力の増加はないと仮定した．計算は，①降伏応力より降伏モーメントを求め，②モーメントより等分布荷重を求めた．これより，桁は，1.7 m の

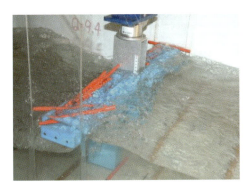

図-7.60 水理実験における水没した桁の前面下端から流れの剥離状況（出典：石野）

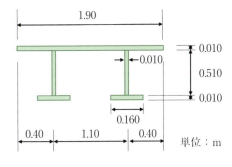

図-7.61 河野原橋歩道橋の断面形状
（出典：石野）

表-7.3 物理定数および断面緒元（出典：石野）

鋼材	SS 41
ヤング率 E (tf/m^2)	2.1×10^7
降伏点応力度 (tf/m^2)	2.3×10^4
断面2次モーメント (m^4)	1.2×10^{-3}
支間長 (m)	18

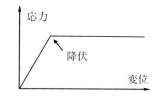

図-7.62 力と変位関係（仮定）（出典：石野）

水圧により永久変形したことが求められた．

図-7.63，7.64 は，桁中央付近の詳細図である．見ると，歩道橋欄干部分は，根元から折れ曲がっている．また，変形したことでできた道路橋との隙間にはたくさんの流木が挟まっており，桁全体が大きく変形していることがわかる．このように，桁が大きく変形した事例は，2009年8月の兵庫県豪雨被害の調査以前には見受けられなかった．

図-7.63 河野原橋詳細図1（出典：石野）

図-7.64 河原橋詳細図2（出典：石野）

以上から，桁前面下端からの流れ剥離により桁が永久変形したことが示された．なお，伝統的に架けられている四万十川等に見られる沈下橋の桁の前面は丸みを帯びて，流れの剥離を抑制しているように見受けられる．今後の詳細な検討が必要であるが，対策の1つとして挙げられる．

7.5.2 欄干が取付け部から剥がれた橋梁

笹ケ丘橋（佐用町）は2000年に架設された新しい橋梁である．この橋梁も痕跡水位により水没したことが判明している．図-7.65 に橋梁全体，図-7.66 に欄干が取付け部から剥がれた状況を示す．

図-7.66 から，欄干の取付け部では，ボルトが塑性変形するとともに，ネジが抜け出ていることがわかる．

これに対する対策としては，取付け部の部材のグレードを上げるか，欄干に流体力を作用させないものが考えられる．図-7.67 に示した橋桁への流木載り越し防止装置[13]では，前面に取り付ける45°傾斜の板により，桁と欄干に大きな流体力が作用しなくなる．このような装

7.5 付帯設備に作用する流体力：高欄，併設歩道橋等

図-7.65 笹ヶ丘橋（佐用町）の全景（出典：石野）

図-7.66 欄干が取付け部から剥がれた状況
（出典：石野）

置を用いることにより欄干への流体力の作用を防止することができると期待できる．

図-7.67 橋桁への流木乗り越し防止（出典：石野）

引用文献

[1] 道路橋示方書Ⅰ共通編，日本道路協会，p. 48，2002．
[2] 伊藤英覚：一様な流れの中の物体の抵抗，水工学便覧，森北出版，p. 136，1966．
[3] 荒木進歩，石野和男：津波作用時の河川に架けられた橋桁の流出限界に関する研究，河川整備基金助成事業（助成番号：20-1213-004），2010.9. http://www.kasen.or.jp/docs/2008/01/201213004.pdf
[4] 後藤浩，石野和男，大津岩夫：2009年台風8号豪雨による台湾南部洪水の落橋被害の一考察，土木学会第66回年次学術講演会講演概要集（CD-ROM），CS7-003，2011.9.
[5] Ohtsu, I., Y. Yasuda, and H. Gotoh：Flow conditions of undular hydraulic jumps in horizontal rectangular channels, Journal of Hydraulic Engineering, ASCE, 129(12), pp. 948-955, 2003.
[6] 後藤浩，安田陽一，大津岩夫：台形断面水路における波状跳水の流況特性，土木学会，水工学論文集，Vol. 47, pp. 493-498, 2003.
[7] 後藤浩，安田陽一，大津岩夫：波状跳水の流況特性に対する水路勾配の影響，土木学会，応用力学論文集，Vol. 7, pp. 953-960, 2004.
[8] 石野和男：2005年台風14号による五ヶ瀬川の橋梁の被害状況，未発表．
[9] 石野和男：2006年7月鹿児島県北部豪雨による川内川中流域の橋梁の被害状況，未発表．
[10] 前野詩朗，吉田圭介，田中龍二：洪水時の急勾配中小河川の橋梁に作用する流体力の評価，土木学会論文集B1（水工学），Vol. 70, No. 4, I_1369-I_1374, 2014.
[11] 坂野章：橋梁への流木集積と水位せきあげに関する水理的考察，国土技術政策総合研究所資料，第78号，2003.
[12] 石野和男，渡邉亮史：2009年台風9号豪雨による兵庫県の橋梁被害の特徴，土木学会第65回年次学術講演会，CS4-004, 2010.9.

［13］ 石野和男，渡邉亮史，安西眞樹：橋桁への流木載り越し防止装置，第62回土木学会年次学術講演会，Ⅱ-0117，2007.9.

第8章 橋梁被害の分析

8.1 支承部の耐力算定手法および健全度評価手法

前述の **2 章 2.2.2**，**2.2.3 項**において，道路橋のトラス橋，合成桁橋が支承部の破損により流出したことを示した．本章では，このことに基づき支承部の耐力算定手法および健全度評価手法について述べる．

8.1.1 支承部の耐力算定手法

2 章 2.2.2，**2.2.3 項**において示したトラス橋および合成桁橋は，1径間当りでそれぞれ4箇所および6箇所の支承部で構成されていた．また，1つの支承部では，4本の直径$\phi 24 \sim 30$ mmのボルトで支持地盤に固定されていた．

次に，この状態における支承部の耐力算定手法を示す．

① ボルト径，1支承当りのボルトの数の調査．
② ボルトのせん断耐力の算出．

　　ボルトのせん断耐力　$\tau_b = 0.7 \sigma a$

ここで，σ：ボルト母材の降伏耐力（SS41の場合，240 N/mm²），a：ボルトの断面積．

③ 1支承当りのせん断耐力の算出．

　　1支承当りのせん断耐力　$\tau_s = \tau \cdot [\text{1支承当りのボルトの数}]$

④ 1径間当りの支承のせん断耐力の算出．

　　1径間当りの支承のせん断耐力　$\tau_0 = \tau_s \cdot [\text{支承の数}]$

以上を用いて，**表-8.1**に耳川の各橋梁のせん断耐力を示す．

表-8.1 耳川の各橋梁のせん断耐力（出典：石野）

桁の形式	トラス			合成桁
橋名称	小布所橋	椎原橋	山瀬橋	尾佐渡橋
ボルト径(mm)	24	27	30	27
ボルトのせん断耐力 τ_b(kN)	76	96.3	118.8	96.3
1支承当りのボルトの数(本)	4	4	4	4
1径間当りの支承の数	4	4	4	6
1径間当りの支承のせん断耐力 τ_0(kN)	1,216	1,540	1,900	2,311

8.1.2　支承部の健全度評価手法

図 -8.1 に橋桁に作用する流体力の作用状況を示す．この図に示すように，支承には桁に作用する流体力が作用する．支承部の健全度は，この桁に作用する流体力 F_x [式 (7-2) 参照] から算定する 1 径間当りの支承に作用する流体力 F_b と **8.1.1 項**で算出した 1 径間当りの支承のせん断耐力 τ_0 を比較することにより評価する．

表 -8.2 に耳川の各橋梁の健全度評価結果を示す．この表に示すように，健全度評価手法により耳川で発生した道路橋の被災状況を説明することができ，健全度評価手法の妥当性が示された．さらに，水理実験の結果から，トラス橋および合成桁橋では支承ボルトに引張力が働かないことが判明している．

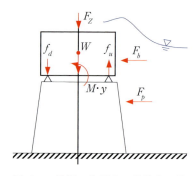

図 -8.1　橋桁に作用する流体力の作用状況（出典：石野）

表 -8.2　耳川の各橋梁の健全度評価結果（出典：石野）

桁の形式	トラス			合成桁
橋名称	小布所橋	椎原橋	山瀬橋	尾佐渡橋
1 径間当りの支承のせん断耐力 τ_0(kN)	1,216	1,540	1,900	2,311
1 径間当りの支承に作用する流体力 F_b(kN)	1,783	1,010	1,751	3,090
τ_0 と F_b の比較	$\tau_0 < F_b$	$\tau_0 > F_b$	$\tau_0 > F_b$	$\tau_0 < F_b$
被災状況	倒壊	非破損	非破損	倒壊

8.2　無筋コンクリート橋脚部の耐力算定手法および健全度評価手法

前述した **2 章 2.1 節**において越美北線における鉄道橋の橋脚コンクリートの割裂または岩盤からのコンクリートの剥れにより，また，高千穂線の第 1 鉄橋では，橋脚コンクリートの打ち継ぎ目における転倒または滑動による破損により流出したことを示した．ここでは，このことに基づき無筋コンクリート橋脚部の耐力算定手法および健全度評価手法について述べる．

8.2.1　無筋コンクリート橋脚部の耐力算定手法

（1）打ち継ぎ目なし

コンクリートの割裂，岩盤からのコンクリートの剥れ．無筋コンクリートの割裂の終局耐力 σ_{ca1}，岩盤から剥離したコンクリートの終局耐力 σ_{ca2} は，以下に示す OGAWA の実験値 [1] を用いて評価する．

$$0.31 \leq \sigma_{ca1} \leq 3.3 \, \text{N/mm}^2$$
$$0.18 \leq \sigma_{ca2} \leq 2.6 \, \text{N/mm}^2$$

（2）打ち継ぎ目あり

転倒・滑動．無筋コンクリートの打ち継ぎ目における転倒または滑動の耐力については，健全度評価手法の中で示す．

8.2.2 無筋コンクリート橋脚部の健全度評価手法

図-8.2 に橋脚に作用する流体力の作用状況を，図-8.3 に橋脚に作用する転倒モーメントの作用状況を，図-8.4 に橋脚に作用する滑動力の作用状況を示す．次に，これらの図を用いて無筋コンクリート橋脚部の健全度評価手法を示す．

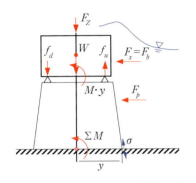
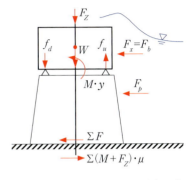

図-8.2 橋脚に作用する流体力の作用状況（出典：石野）

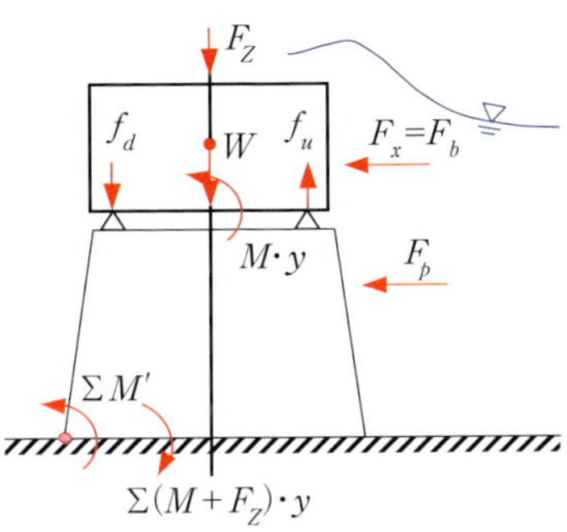

図-8.3 橋脚に作用する転倒モーメントの作用状況（出典：石野）

図-8.4 橋脚に作用する滑動力の作用状況（出典：石野）

（1）打ち継ぎ目なし

無筋コンクリートの割裂または岩盤からのコンクリートの剥れの健全度は，図-8.2 において橋脚の岩着の断面における F_x, F_p, f_u, f_d を用いたモーメント ΣM を求める．この ΣM と岩着断面の2次モーメント I と外縁までの距離 y を用いて，以下の方法で外縁の応力 σ を求める．

$$\sigma = (\Sigma M) \cdot y / I$$

この σ が無筋コンクリートの割裂の終局耐力 σ_{ca1} および岩盤から剥離したコンクリートの終局耐力 σ_{ca2} を下回れば，健全であると評価される．

（2）打ち継ぎ目あり

① 転倒　無筋コンクリートの打ち継ぎ目における転倒の健全度は，図-8.3 において打ち継ぎ目の断面における F_x, F_p, f_u, f_d を用いた転倒モーメント $\Sigma M'$ を求める．この $\Sigma M'$ と鉛直力による抵抗モーメントを求める．ここで，抵抗モーメントが転倒モーメントを上回れば，健全であると評価される．

② 滑動　無筋コンクリートの打ち継ぎ目における滑動の健全度は，図-8.4 において打ち継ぎ目の断面における水平流体力 F_x, F_p を用いた滑動力 ΣF を求める．この ΣF と鉛直力による抵抗力 $\Sigma (W+F_z) \cdot \mu$ を求める．ここで，μ は滑動係数で0.6を用いる．抵抗力 $\Sigma (W+F_z) \cdot \mu$ が滑動力 ΣF を上回れば，健全であると評価される．

表-8.3に高千穂線鉄道橋の健全度検討結果を示す．この表に示すように，第1は，発生応力が耐力を，転倒モーメントが抵抗モーメントを，滑動力が抵抗力を上回ることにより，コンクリートの打ち継ぎ目での剥離・滑動・転倒により破壊したことが裏付けられた．

表-8.3 高千穂線鉄道橋の健全度検討結果（出典：石野）

橋梁 No	桁上～基礎の高さ (m)	流速 V (m/s)	底面幅 (m) [形状]	発生応力 σ (N/mm^2)	比較	終局耐力 σ_{ca} (N/mm^2)	抵抗モーメント / 転倒モーメント	抵抗力 / 滑動力	破壊形式
第1	11.0	5.6	2.5 [楕円]	2.60	≧	0.18～2.6	0.16	0.40	コンクリ剥離
第2	15.5	5.6	4.4 [円]	1.21	≒	0.18～2.6	0.54	1.21	岩盤剥離
第3	19.1	4.5	4.4 [円]	0.46	≦	0.18～2.6	1.30	1.92	非破壊

第2は，発生応力が耐力を，転倒モーメントが抵抗モーメントを上回ることにより，コンクリートの打ち継ぎ目での剥離・転倒により破壊したことが裏付けられた．

第3は，発生応力が耐力の下限を若干上回るが，転倒モーメントが抵抗モーメントを，滑動力が抵抗力を下回ることにより，非破壊が裏付けられた．

以上から，上記に示した健全度の評価手法の妥当性が確認できた．

8.2.3 橋脚根元周りの洗掘深の推定

流れに曝された橋脚の根元周りには馬蹄形渦が発生するとともに，後流渦が橋脚背後に形成される．これらの渦や橋脚による流れの収縮等の作用によって，河床材料の移動に空間的な不均衡が生じると洗掘孔が形成される．したがって，洗掘深は，水，河床材料，流況，構造物，および流れの作用時間等の様々な要素に依存する．最大洗掘深の推定式は，1950年代から実験・理論的にかなり数多く提案されているものの，現地の不均一で非定常性の強い状況下への適用性は必ずしも十分とは言えない[2]．しかしながら，橋梁の安定性に関する健全度を評価するうえで，前節までの橋梁本体の耐久性に加えて，橋脚の根入れ深さと洗掘深の関係を把握することが重要である．そこで本節では，福井豪雨による足羽川の鉄道橋の橋脚周辺で生じた局所洗掘を対象に，最近の推定式を利用して最大洗掘深の推定を試みる．また，**4章4.3.4項**で触れた酒匂川の十文字橋（道路橋）において，沈下被害のあった橋脚についても検討を行う．

図-8.5は足羽川の第4橋梁および第6橋梁の高水敷に設置された橋脚周辺の洗掘状況を示す．洪水前の河床面は概ね図中の横方向の破線付近にあったと推測される．洪水の減水後に観測された洗掘深は第4鉄橋P2橋脚で約1.2 m，第6鉄橋P5橋脚で約2.3 mであった．洪水の減水期に洗掘孔はある程度埋め戻される場合があるため，洪水中の最大洗掘深は観測値より大きい可能性がある．

最大洗掘深の推定には，かなり多くの現地・実験データを用いて最適化されたSheppard-Melvilleによって提案された最新の式（以下S/M式と記述）[2]を利用した．S/M式は橋脚の有

8.2 無筋コンクリート橋脚部の耐力算定手法および健全度評価手法

図-8.5 福井豪雨による足羽川の鉄道橋の橋脚周辺の局所洗掘の様子（出典：楳田）

効幅 B に対する最大洗掘深 S を次の 4 つの無次元変数で表している．接近流速と河床材料の移動限界流速の比 V/V_c，橋脚の有効幅と河床材料の代表粒径の比 B/d，水深と粒径の比 h/d，橋脚に対する流れの迎え角 α．

P2 と P5 橋脚のこれらの無次元変数を用いて S/M 式で最大洗掘深を求めた結果を表-8.4 に示す．水深 h と流速 V は洪水ピーク時の推算値とし，代表粒径に対する移動限界流速 V_c は Sheppard–Melville[2] に従って Shields 図に基づいて算定した値である．最大洗掘深はそれぞれ 3.2 m と 3.4 m であり，洪水後の観測値に比べると大きな値となった．この理由はいくつか考えられる．現地の河床は植生が繁茂した状態であること［図-4.5(a)］，河床材料は不均一であること，洪水の非定常性の影響があり代表値の選定に自由度があること等が挙げられる．そこで，第 6 鉄橋の P5 橋脚を対象に，代表水深と流速の違いによる洗掘深の推定値の変化を図-8.6 に示す．P5 橋脚への接近流は水深・流速が洪水中に大きく変動するが，その代表値の取り方によって洗掘深の推定値もある程度変化している．図示した範囲では，流速より水深の変化の影響が顕著であることがわかる．なお，S/M 式を含めて推定式の多くは現地・実験で得られた最大洗掘深をあまり過小評価することのないように考案されているため [2]，最大洗掘深の推定結果は観測結果に比べて大き目の値を示すことが多いようである．

表-8.4 最大洗掘深の算定に用いた諸元と結果（出典：楳田）

	第 4 鉄橋 P2 橋脚	第 6 鉄橋 P5 橋脚
橋脚の有効幅 B (m)	1.7	1.7
流速 V (m/s)	3.5	4
水深 h (m)	4	3
河床材料の粒径 d (mm)	2	20
移動限界流速 V_c (m/s)	0.84	2.03
V/V_c	4.18	1.97
B/d	850	170
h/d	2,000	150
α	0	0
S/B	1.9	1.99
最大洗掘深 S (m)	3.2	3.4

次に，沈下被害のあった十文字橋の P5 橋脚について，S/M 式を用いて洗掘深の推定する．P5 橋脚は，幅 $B=$ 約 2.4 m で高さ約 6 m の主柱部分と，幅 $B_f=$ 約 4 m で 2 m 高の基礎部分からなる．主柱部分の幅 B を代表値とすると，S/M 式で算定される最大洗掘深は約 4.8m となる．この推定値は **6 章 6.3.3 項**の Raudkivi の式による推定値の 1.5〜2 倍近くになる．このように利用する推定式による差が大きい場合があるため，洗掘深の推定の際は幾つかの式の適用範囲や計算結果の比較を行い，評価結果はある程度の幅を見込んで判断する必要がある．

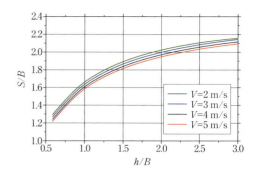

図 -8.6 S/M の式による最大洗掘深と水深・流速との関係（第 6 鉄橋 P5 橋脚を対象）
（出典：楳田）

十文字橋の P5 橋脚の基礎部分の天端は被災前の河床面とほぼ同レベルかいくらか露出した状態であったと推定されるため，洗掘過程における基礎部分の存在の影響は無視できない．そこで，最大洗掘深に及ぼす基礎部分の影響を考慮するために，Melville-Raudkivi の方法 [3] に従って，次式を用いて有効幅 B_e を計算する．

$$B_e = B\,\frac{h-Z}{h+B_f} + B_f\,\frac{B_f+Z}{B_f+h}$$

ここで，Z は基礎部分の天端の河床面からの高さであり，基礎部分が河床面上に露出した状態では $Z>0$ となる．洪水ピーク時の水深 $h=4.4$ m とした場合，基礎の天端高を河床と同レベル（$Z=0$）とすると，$B_e=3.1$ m，基礎が 0.5 m 露出した状態（$Z=0$）とすると，$B_e=3.2$ m となり，基礎の露出高の違いによる影響はあまり大きくない．これらの有効幅を代表値として S/M 式より計算した結果，最大洗掘深は約 6.2〜6.4 m となる．しかし，十文字橋の P5 橋脚基礎の根入れ深さは最大でも 2 m 程度であるため，洗掘過程の途中で橋脚の基礎部分がほぼ完全に河床面上に露出した状況になると想像される．橋脚の根入れが洗掘深より深い場合を対象とする S/M 式では，十文字橋の事例は適用範囲外である．河床低下が進行し，基礎の根入れ不足が懸念される河川構造物はいまだ多い．そのような構造物の対策・維持・管理を適切に行うには，河床変動や洗掘に関する知見の蓄積が求められる．

引用文献

[1] Ogawa,T.：Study on the stability evaluation of concrete gravity dam, Part Ⅱ，大成技研報，1993.
[2] Sheppard,D.M. and B.W.Melville：Evaluation of existing equations for local scour at bridge piers, *Journal of Hydraulic Engineering*, ASCE, 140, pp.14-23, 2014.
[3] Melville,B.W. and A.J.Raudkivi：Effects of foundation geometry on bridge pier scour, *Journal of Hydraulic Engineering*, ASCE, 122, pp.203-209, 1996.

第 9 章　橋梁被害の軽減対策：
　　　　ハード対策，ソフト対策，復旧後の新橋

9.1　架橋地点の選択

9.1.1　谷底平野：足羽川中流部における橋梁および周辺河川施設の災害復旧

2004（平成 16）年の福井災害における足羽川の災害復旧事業は，2008（平成 20）年度までの事業計画であった．日野川合流点から上流の 6 km 区間での激甚災害対策特別緊急事業として，天神橋から上流の 15.9 km 区間で災害復旧助成事業として実施された．図 -9.1 は，九頭竜川水系足羽川ブロックの河川整備計画[1]

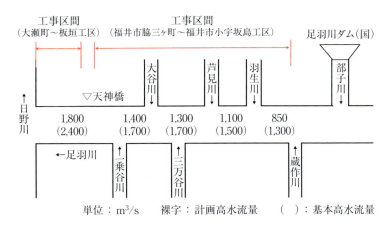

図 -9.1　足羽川の計画流量配分図（出典：福井県[1]）

から抜粋した計画流量配分図である．天神橋上流の山間部における計画規模は概ね 1/30 である．天神橋上流の災害復旧区間には，**1 章 1.1 節**，**2 章 2.1.1 項**で氾濫流と橋梁被害の特徴を記述べた足羽川中流域の谷底平野が含まれ，橋梁および周辺河川施設の復旧工事が実施された．本項では，鉄道橋および道路橋の災害復旧状況を述べて，橋梁被害の対策を議論するうえで重要と考えられる復旧事例をまとめた．また，対象橋梁の桁下クリアランスに関しては **9.2.2 項**にまとめている．

表 -9.1 に，鉄道橋の被害概要，復旧概要および橋梁諸元の変化を整理している．なお，計画高水位と桁下高の関係については**表 -9.3** を参照されたい．JR 越美北線は，河川改修と並行し災害復旧事業として倒壊，流失した 5 橋が新橋に架け替えられ，被害から約 3 年後の 2007（平成 19）年 6 月から営業が再開されている．被害前の橋梁形式はすべて箱桁橋であったが，架け替えられた 5 橋のうち 4 橋はトラス橋，1 橋は箱桁橋である．新橋は旧橋と同じ位置に架け替えられたが，5 橋すべてで橋長は長くなり，径間数は減少している．1 本当りの橋脚の断面は拡大しているが，橋脚数を旧橋に比べて半数以下に減らし，河積阻害率を大幅に下げている．なお，1959（昭和 34）年に建設された旧橋の河積阻害率は，現行の河川管理施設等構造令

第 9 章　橋梁被害の軽減対策：

表 -9.1　足羽川中流域の鉄道橋の被害概要，復旧概要および河積阻害率の変化（出典：楳田）

	被災状況	復旧状況	新橋形式	旧橋形式	新橋長(m)	旧橋長(m)	新橋阻害率(％)	旧橋阻害率(％)
第1鉄橋	倒壊	新橋架け替え・河床掘削	2径間トラス橋	7径間箱桁橋	126.3	121.8	2.1	10.7
第2鉄橋	被害なし	―	―	8径間箱桁橋	―	157.1	―	9.8
第3鉄橋	倒壊	新橋架け替え・引堤	3径間箱桁橋	6径間箱桁橋	119.4	96.3	4.0	12.5
第4鉄橋	倒壊	新橋架け替え・河床掘削	2径間トラス橋	5径間箱桁橋	88.6	83.4	2.5	8.8
第5鉄橋	倒壊	新橋架け替え・河床掘削	2径間トラス橋	5径間箱桁橋	105.9	83.4	2.4	10.2
第6鉄橋	被害なし	周辺護岸強化	―	7径間箱桁橋	―	143.4	―	11.4
第7鉄橋	倒壊	新橋架け替え・河床掘削	2径間トラス橋	5径間箱桁橋	121.9	114.5	3.6	12.1

で目安としている5％を大きく上回っていたが，すべての新橋において河積阻害率は目安値を満たしている．

図 -9.2〜9.7 に，第2鉄橋を除くすべての鉄道橋の復旧前後の状況を示す．倒壊した橋梁はすべて橋桁まで洪水にさらされていたので，新橋架け替え時には，被害時における流下能力を

（a）被害時（左岸より撮影）　　　　　　（b）復旧時（左岸より撮影）

図 -9.2　第1鉄橋の被害と復旧状況（出典：楳田）

（a）被害時（左岸より撮影）　　　　　　（b）復旧時（左岸より撮影）

図 -9.3　第3鉄橋の被害と復旧状況（出典：楳田）

9.1 架橋地点の選択

（a）被害時（右岸より撮影） （b）復旧時（右岸より撮影）

図-9.4 第4鉄橋の被害と復旧状況（出典：楳田）

（a）被害時（右岸より撮影） （b）復旧時（右岸より撮影）

図-9.5 第5鉄橋の被害と復旧状況（出典：楳田）

（a）被害時（右岸より撮影） （b）復旧時（右岸より撮影）

図-9.6 第6鉄橋の被害と復旧状況（出典：楳田）

高めるため，橋梁本体および周辺河川施設に対策が行われた．第1，4，5，7鉄橋は箱桁橋からトラス橋にすることで橋脚本数を大幅に減らし，桁下高さを旧橋より上昇させることで計画高水位から桁下までのクリアランスを増している．また，周辺の河道は河床掘削により河積を

（a）被害時（右岸より撮影）　　　　　　（b）復旧時（右岸より撮影）

図-9.7　第7鉄橋の被害と復旧状況（出典：楳田）

増大させ，護岸もコンクリートブロックを用いて強化を図っている．図-9.3 に示す第3鉄橋は，旧橋と同じ箱桁形式に架け替えられた唯一の橋である．しかし，橋脚の数を5本から2本に減らすとともに，右岸側を引堤して河道を拡幅することで流下能力の向上を図っている．図-9.6 に示す第6鉄橋は，洪水流が橋桁まで作用したが，倒壊を免れて橋梁本体の損傷はなかった橋梁である．しかし，橋脚に大量の流木等が集積し，橋脚の根元が洗掘されて橋の袂を中心に周辺の堤防が侵食されたため，護岸の整備が行われた．

次に，足羽川中流域の道路橋の被害概要，復旧概要および橋梁諸元の変化を表-9.2 にまとめた．計画高水位と桁下高の関係は表-9.4 を参照されたい．高田大橋，田尻新橋，大久保橋，岩屋橋の4橋の架け替えが河川災害復旧事業として計画され，2008年4月時点で田尻新橋と大久保橋が完成している．この2橋の被害と復旧の様子を図-9.8，9.9 に示す．

下新橋を除く表-9.2 の5橋梁は橋桁まで冠水し，田尻新橋は橋桁が倒壊し，その他4橋は流木等の漂流物が欄干に衝突して損傷を受けた．旧橋の河積阻害率は大久保橋を除き5％未満であり，新橋も同程度である．図-9.8 に示す田尻新橋では，河道拡幅のため右岸堤防が約20m引堤されたため，旧橋に比べて橋長が20m以上長くなった．橋脚数は旧橋と同じであるが，河道が拡幅されたため，河積阻害率は減少した．また，右岸側の橋梁取付け位置が10m程度下流に移され，橋軸は河道法線にほぼ直交するよう配置された．

表-9.2　足羽川中流域の道路橋の被害概要，復旧概要および河積阻害率の変化（出典：楳田）

	被災状況	復旧状況	新橋形式	旧橋形式	新橋長(m)	旧橋長(m)	新橋阻害率(％)	旧橋阻害率(％)
下新橋	被害なし	護岸工事・根固工	3径間箱桁橋	3径間箱桁橋	—		—	
高田大橋	欄干損傷	新橋架け替え中	3径間箱桁橋	3径間箱桁橋	71.9	68	4.4	4.4
田尻新橋	倒壊	新橋架け替え・引堤	3径間箱桁橋	3径間箱桁橋	77.9	56.8	4.0	4.4
福島橋	欄干損傷	欄干補修・河床掘削	3径間箱桁橋	3径間箱桁橋	—	71	—	4.7
大久保橋	欄干損傷	新橋架け替え・引堤中	2径間箱桁橋	4径間箱桁橋	73	70.6	2.9	7.1
岩屋橋	欄干損傷	新橋架け替え中	2径間箱桁橋	2径間箱桁橋	96	75.9	3.8	3.9

（a）被害時（左岸より撮影）　　　　（b）復旧時（左岸より撮影）

図-9.8　田尻新橋の被害と復旧状況（出典：楳田）

（a）被害時（左岸より撮影）　　　　（b）復旧時（左岸より撮影）

図-9.9　大久保橋の被害と復旧状況（出典：楳田）

　さらに，右岸堤防は被災時より高くなり，より強固な護岸が整備された．図-9.9に示す大久保橋は，右岸堤防付近に隣立する民家で甚大な浸水被害が発生した．大久保橋では，新橋架け替えにより橋脚数を3本から1本に減らし，河積阻害率を7％から3％へと大幅に改善した．また，桁下の位置を上昇させるとともに，周辺河道における引堤や河床掘削を行うことで，河道の流下能力を向上させている．さらに，新橋の右岸取付け位置を旧橋に比べて下流側に15m程度移して，田尻新橋と同様に，橋軸が河道法線に直交するよう配置されている．

　図-9.10は，福島橋の被害時と復旧時の様子を示す．福島橋も冠水し，ガードレールに流木が挟まるほど橋桁は強い洪水流にさらされて，新橋に架け替えられた4橋梁と同様の損傷を受けていたが，旧橋の補修による復旧対策が採用された．被害時に存在した左岸の高水敷を取り除いて河積を拡大して流下能力を高めるとともに，周辺河道に護岸および根固めを施工し，侵食対策を施した．

　第4鉄橋から高田大橋の周辺の右岸堤防および堤内地の被害時と復旧時の様子を図-9.11,9.12に示す．第4鉄橋上流右岸の堤防は越流によって，図-9.11（a）に示すように堤防の裏のりの肩部を中心に深く侵食された．下流右岸の堤防は約200mにわたって決壊し，図-9.11（c）

149

第 9 章　橋梁被害の軽減対策：

（a）被害時（右岸より撮影）

（b）復旧時（右岸より撮影）

図-9.10　福島橋の被害と復旧状況（出典：楳田）

（a）被害時（第4鉄橋上流右岸堤防）

（b）復旧時（第4鉄橋上流右岸堤防）

（c）被害時（第4鉄橋下流右岸堤防）

（d）復旧時（第4鉄橋下流右岸堤防）

図-9.11　第4鉄橋周辺の被害と復旧状況（出典：楳田）

に示すように堤防のり先まで跡形もなく侵食された．この地域では，新橋架け替えによって第4鉄橋や田尻新橋による河積阻害率を低減させ，周辺河道の河床掘削や大久保橋周辺の右岸堤防の引堤により流下能力を向上させるとともに，図-9.11（d）や図-9.12（a）に見られるような堤防護岸の強化や堤内の地盤高の嵩上げが行われた．被災時は堤防背後の堤内地盤は堤防天端

　（a）高田大橋上流右岸堤防　　　　　　（b）高田大橋右岸取付け道路と堤内地

図-9.12　高田大橋周辺の復旧状況（出典：楳田）

より 2〜3 m 低かったが，図-9.11（b），（d）から，堤内に広がる耕作地の地盤面が右岸堤防天端とほぼ同レベルであるのがわかる．この地区の嵩上げ面積は約 18 ha であり，埋立てには災害復旧工事に伴って発生した土砂が利用された．この堤内地盤の嵩上げは高田大橋の右岸取付け道路にまで及び，災害復旧により取付け道路面と堤内地盤面が同じレベルになったことが図-9.12（b）から確認できる．この取付け道路は，破堤により高田大橋を迂回した流れを受けて盛土側面から侵食されたが，堤内地盤面の嵩上げにより，今回生じたような大出水による破堤および道路侵食等の深刻な被害は回避できると考えられる．しかし，氾濫原となった堤内水田の遊水効果は従来に比べると小さくなっている．

9.1.2　大規模砂州と渡河橋梁取付け道路

　谷底平野に大規模砂州が形成された地形では，**1 章 1.2 節**，**6 章 6.1 節**で見たように，大規模洪水が生じた場合，氾濫流は河道法線と谷軸に対して河道法線と線対称の 2 つの流れが 8 の字状になる．このため，たとえ河道から離れた場合でも氾濫流の通り道となり，流速を持つ流れが生じることとなる．

　谷底平野を横切る道路の場合，橋梁長を短くしようとして氾濫流の挙動を考慮せず河道以外の部分を盛土等で施工すると，人工的に狭窄部を形成したこととなるため，氾濫流が直接盛土に衝突することとなって盛土の侵食が生じる．あえて盛土等で橋梁長を短くする必要がある場合は，河道流と氾濫流とが収束する箇所に橋梁を施工するなどの配慮が必要となる．例えば，図-9.13 のような地形を考えた場合，点 A と点 C を結ぶ場合，点 B と点 E を結ぶ道路を考えた場合，平常時の河道の位置以外にも大規模出水時における安全性を考える場合には，氾濫流の通り道には盛土ではなく架橋する必要がある．また，点 B と点 D を結ぶ場合には，平常時の河道のみの架橋で十分と考えられるが，この場合にあっても人工的な狭窄部となることには変わりはない．また，氾濫流と河道流とが合流する箇所となるため，流下断面は十分確保する必要があるし，流れのエネルギーが収束する箇所であるため，洗掘防止等の対策が必要となる．

　人工的狭窄部については，道路盛土等に着目して調査，分析することを勧めたい．谷底平野

を流れる河川を横断する鉄道橋あるいは道路橋では，走行車の速度を高く保とうとすれば，滑らかに変化する線形が望ましいことになる．構造物としての対策（ハード対策）の一つの例は，Ｓ字型に変化する曲線橋の採用である．しかし，曲線橋は構造計算も複雑で，コンピュータが日常の設計で用いられるまでは普及しなかった．日本で最初の曲線橋と目されるものは，神奈川県が小田原市に 1956（昭和 31）年に建設した白糸橋で，PC 曲線橋は，これも神奈川県が 1960（昭和 35）年に小田原市の国道 135 号線に建設した米神橋である [2]．高度経済成長期以降に盛んに建設された大都市における高速道路では，曲線橋は大幅に取り入れられている．したがって，今や普通に見られるようになっている曲線橋は，高度経済成長期の経済力の上昇，技術力の進歩のシンボルの一つと呼んでもよい．

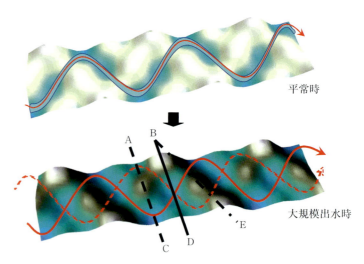

図-9.13　大規模砂州が形成されている谷底平野での架橋地点
（出典：渡邊）

　曲線橋を採択できない時代の対応は，Ｓ字型の変化の始端と終端に当たる取付け道路のために川の中に横堤状の張出しを築堤し，その上で道路の線形を滑らかに変化させる方策が採用されたと推測できる．そして，川の中央部の澪筋の部分だけに短い直線橋を設置するわけである．このようにして局部的な人工狭窄部がつくり出されたと推測できる例を体験してきた．例えば，山梨県道 20 号甲斐芦安線の日入倉橋が御勅使川を渡る部分では，被害を受けた橋梁の改良によりこうした狭窄部が 2005 年に解消された（**4 章 4.4.1 項**参照）．

　このように，谷底平野を横切るような線形の道路は，橋梁付近での道路盛土が流水を阻害し氾濫や被害を助長する可能性について適切に評価し，径間長や径間数，あるいは氾濫流に対する越水対策等の道路管理者への提言，計画河道幅や高水位等の治水計画への反映が必要となる．

9.2　流況の改善と耐力の補強

9.2.1　河積の確保

　橋脚による河積阻害率は，河川構造令により，以下のように定められている．
・原則として，5〜6 % 以内（以前は，3 % が用いられた時代もある）．
・新幹線および高速自動車国道橋は，7〜8 % 以内．
　これら値は昭和 30 年代以降についてである．それ以前に建設された橋脚の河積阻害率は，

これらの値が守られていない場合が多い．

河積の確保のための対策としては，河床の掘削および河幅の拡大が挙げられる．

古い橋梁は洗掘に対する対策が施されていない場合が多く，橋脚基礎の安定を確認せずに河積の確保のために河床を掘削することは望ましくない．河積の確保のために河床を掘削する場合は，橋脚基礎の安定を確認する必要がある．

図-9.14 は，足羽川中流の河原橋の直上流の町道橋である．同橋は，2004 年水害で桁が流出している．図は上流を眺めている写真で，橋脚上流の左岸に土砂が堆積している状況が見える．この堆積土砂は，架橋断面の河積を狭めてはいないが，流心を右岸側に押し寄せることで，水理上は河積を狭めていることになる．架橋地点は，上流側の湾曲の影響を受けていると考えられ，右岸側の水位上昇を考えて，桁の位置を上げて河積を増大させることが望ましい．

図-9.14　足羽川中流の河原橋直上流の町道橋

(出典：楳田)

一方，河幅の拡大は，河川改修が主目的であり，河川改修に伴い橋梁を新設する場合が多い．なお，河川改修が主目的なく，河幅を拡大したい場合には，橋台の背後にバイパス水路を設ける方法がある．このような場合には，河積阻害率が大きいため，橋梁上下流の水位差が大きく，この水位差によりバイパスの流量が多くなり，効果が発揮される場合が多い．

河積の確保は，**9.1 節**で述べている足羽川における災害復旧，**4 章 4.2〜4.4 節**に述べている多くの災害復旧のポイントであり，鉄道，道路の管理者も洪水時の流況を想定する眼を養うことが重要である．

9.2.2　桁下クリアランスの確保：足羽川中流域の鉄道橋，道路橋の災害復旧

足羽川中流域の越美北線の橋梁に関する桁下高と計画高水位の関係を**表-9.3** に示す．2004 年の被害時，この区間は足羽川の河川整備計画の範囲外であったため，従来，計画高水位は設定されていなかったが，足羽川河川災害復旧事業に伴い計画高水位が設定された．また，表中の旧計画高水位として，旧鉄道橋の設計図面［1953（昭和 28）年作成］に示された値を記載した．トラス形式に変えた第 1, 4, 5, 7 鉄橋の桁下高は，被害時の箱桁橋に比べて約 0.4〜0.8 m 上昇したが，被害時と同じ箱桁形式で架け替えられた第 3 鉄橋の桁下高は約 0.8 m 下がった．この主な理由は，鉄道線路のレベルは被害時から変わらないものの，新トラス橋は旧桁橋に比べ桁高が小さく，第 3 鉄橋は径間長を平均して旧橋の 2 倍以上に長くするため必要な強度を得るために桁高が大きくなったからと考えられる．桁下高と計画高水位の差から求めた桁下クリアランスは，すべての橋梁で増加した．第 3 鉄橋の桁下高は下降したものの，河道拡幅や河床掘削等の効果により計画高水位がより低下したため，桁下クリアランスは増加している．桁下クリアランスの平均値は，旧橋で約 2 m，新橋で約 2.4 m であった．また，倒壊を免れた第 2 お

表-9.3 足羽川中流域の鉄道橋の桁下クリアランスの新旧変化(出典:楳田)

	復旧状況	新橋形式	旧橋形式	新橋桁下高(m)	旧橋桁下高(m)	H.W.L.(m)	旧H.W.L.(m)	新橋桁下クリアランス(m)	旧橋桁下クリアランス(m)
第1鉄橋	新橋架け替え・河床掘削	2径間トラス橋	7径間箱桁橋	33.77	33.16	31.15	31.1	2.62	2.06
第2鉄橋			8径間箱桁橋	—	40.97	不詳	38.33	—	2.64
第3鉄橋	新橋架け替え・引堤	3径間箱桁橋	6径間箱桁橋	42.55	43.32	40.23-40.52	41.4	2.03-2.32	1.92
第4鉄橋	新橋架け替え・河床掘削	2径間トラス橋	5径間箱桁橋	48.42	47.87	45.7	46.2	2.72	1.67
第5鉄橋	新橋架け替え・河床掘削	2径間トラス橋	5径間箱桁橋	53.7	53.24	51.61-51.88	51.5	1.82-2.09	1.74
第6鉄橋	周辺護岸強化		7径間箱桁橋	—	60.05	不詳	57.94	—	2.11
第7鉄橋	新橋架け替え・河床掘削	2径間トラス橋	5径間箱桁橋	65.88	65.02	62.91-63.27	63	2.61-2.98	2.02

よび第6鉄橋の桁下クリアランスは,旧橋の中ではそれぞれ1番目,2番目に広い.一方,新橋の中では,第2鉄橋の桁下クリアランスは平均値を超えるが,第6鉄橋は平均未満になることがわかる.

図-9.15に第1鉄橋および第7鉄橋の平面図を示す.旧橋が太線,新橋が細線で描かれ,旧橋の円形の橋脚断面がそれぞれ複数あること,新橋の小判型の橋脚断面がそれぞれ1つあるこ

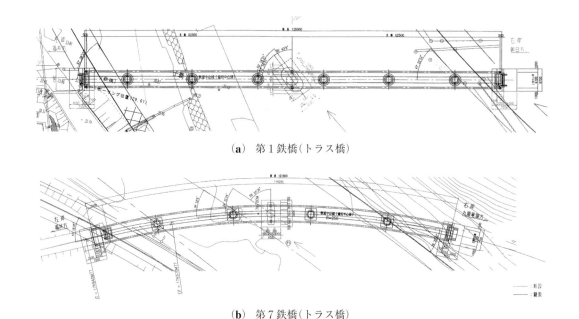

(a) 第1鉄橋(トラス橋)

(b) 第7鉄橋(トラス橋)

図-9.15 第1および第7鉄橋の平面図(出典:JR西日本)

とが確認できる．2つの新橋ともに，橋脚の頭部が小判型，柱部が円形断面であることが**図-9.2，9.7**からわかる．第1鉄橋の橋脚頭部断面の長辺方向は河川流に平行になるように設置されているが，第7鉄橋の頭部の長辺方向は河川流に対して約55°傾いている．その他の新橋梁（第3，4，5鉄橋）においても橋脚断面の長辺方向は河川流に平行に設置されているが，第7鉄橋ののり線は曲率半径250 mで湾曲しているため，おそらく構造的な安定性を重視して設計されたものと考えられる．第7鉄橋の計画高水位は橋脚の頭部と柱部の境界より下にあるため，計画高水位程度の洪水については問題ないものの，計画高水位を超える大出水の際には，橋脚頭部は大きな流水抵抗になり，上流水位の堰上げおよび流木の集積等の可能性が考えられる．鉄橋の橋脚頭部には管理用通路のための柵が設置されているため[**図-9.7(b)**参照]，桁上を超える異常出水時に漂流物が付着しやすい状態にある．ただし，全体的には，桁下クリアランスを拡大するとともに，橋脚の数を4本から1本に減らし阻害率を大幅に低下させ，河床掘削により河積を拡大して流下能力を被災時より大きく向上させている．

次に，足羽川中流域の道路橋の桁下高と計画高水位の関係を**表-9.4**に示す．前述の鉄道橋に比べると，道路橋の桁下高の新旧の変化は小さく，桁下クリアランスの変化も小さい．高田大橋および田尻新橋の桁下クリアランスは旧橋に比べて少し狭くなったものの，いわゆる堤防余裕高1 m（計画高水流量は1,300〜1,400 m^3/s）を確保している．また，大久保橋は桁下クリアランスを旧橋より約0.4 m広げ，新橋で余裕高1 mを確保した．

7章7.5.1項において歩道橋の被害について論じた．そこで触れられているように，沈下橋では伝統的に桁の前面に丸みを帯びた形状が採用されている．橋梁被害の軽減対策としては，今後の方策の一つとして分析する価値がある．

表-9.4 足羽川中流域の道路橋の桁下クリアランスの新旧変化（出典：楳田）

	復旧状況	新橋形式	旧橋形式	新橋桁下高(m)	旧橋桁下高(m)	H.W.L. (m)	旧 H.W.L. (m)	新橋桁下クリアランス(m)	旧橋桁下クリアランス(m)
下新橋	護岸工事・根固工	3径間箱桁橋	3径間箱桁橋	―	38.76		―		
高田大橋	新橋架け替え中		3径間箱桁橋	44.4	44.54	42.44	―	2	2.1
田尻新橋	新橋架け替え・引堤	3径間箱桁橋	3径間箱桁橋	44.8	45.02	43.78	―	1	1.24
福島橋	欄干補修・河床掘削	3径間箱桁橋	3径間箱桁橋	―	52.22		―		
大久保橋	新橋架け替え・引堤中	2径間箱桁橋	4径間箱桁橋	56.94	56.58	55.94	―	1	0.64
岩屋橋	新橋架け替え中	2径間箱桁橋	2径間箱桁橋	64.03		62.01	―	2	

9.2.3 支承部の補強

基本的に，支承部は地震力により落橋しないように設計・施工されている．また，支承部は

地震力に耐えられるように，その鋼材の厚さやボルトの径等が一体となって設計されている．

　支承のボルトの本数を追加することによる耐力の増強は期待し難い．

　支承のボルトの径を増すことは，支承を取り替える作業に等しく，支承を取り替えるには，多額の費用が必要である．

　以上から，支承部の補強は困難であるが，落橋防止壁を付けることにより，補強を試みることも考えられる．図-9.16に落橋防止壁の概念図[3]を示す．

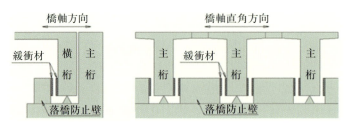

図-9.16　落橋防止壁の概念図（出典：山陽化学[3]）

9.2.4　無筋コンクリート橋脚の補強

2章に示したように橋脚の破壊は，無筋コンクリートの折損，打ち継ぎ目の破断，岩盤からの剥離，橋脚の洗掘に分けられる．これらに対する補強方法として，**表-9.5**に無筋コンクリート橋脚の折損，打ち継ぎ目の破断に対する補強方法を，**表-9.6**に橋脚の基礎部の補強方法を示す．これらの補強方法を実施するためには，健全度の確保と補強費用の比較・検討により設計・施工することが望まれる．

引用文献

[1]　福井県：九頭竜川水系足羽川ブロック河川整備計画，平成19年2月，p.20, 2007.
[2]　上田嘉通：高度経済成長期における橋梁の技術発展とその背景，早稲田大学2006年度修士論文概要集，http://www.waseda.jp/sem-yoh/temp/02/06ueda.pdf
[3]　山陽化学：落橋防止壁，http://www.sanyo-kagaku.jp/products/rakubou.php

9.2 流況の改善と耐力の補強

表-9.5 無筋コンクリート橋脚の折損、打ち継ぎ目の破断に対する補強方法（出典：石野）

	橋脚打継目の補強方法				
	(1) コンクリート巻き立て	(2) 鋼板巻き立て	(3) 鋼材による補強	(4) グラウト等による打ち継ぎ目補強	(5) アンカー筋による補強
写 真				―	―
概要図					
概 要	橋脚の周囲に鉄筋コンクリートを巻き立て，耐荷性を向上させる．	橋脚の周囲に鋼板を巻き立て，耐荷性を向上させる．橋脚との間隙にはエポキシ樹脂等を注入する．	打ち継ぎ目の上下を鋼材によって接続し，打ち継ぎ目の耐荷性を向上させる．	打ち継ぎ面にグラウトを注入し，打ち継ぎ目の耐荷性を向上させる．	打継目にアンカー筋またはPC鋼材を挿入し，打ち継ぎ目の耐荷性を向上させる．鋼材の周面にはグラウトを注入する．
備 考	橋脚が太くなり川の流れを阻害する（流下方向の断面積が増える）．	連続繊維シート巻き立て工法については，凹凸やせん断力によりシート破断の可能性があるため不適．	―	効果の確認が難しい．	側部から斜めにアンカー筋を挿入する方法も考えられる

表-9.6 無筋コンクリート橋脚の折損、打ち継ぎ目の破断に対する補強方法（出典：石野）

	橋脚打継目の補強方法				
	安定向上			洗掘防止	
	(1) アンカー	(2) フーチング増設	(3) 鋼矢板	(4) 根固め工法	(5) 地盤改良
概要図					
概 要	アンカーにより橋脚と岩盤または支持層を接続し，支持力の向上を図る．	フーチングを増設し，支持力の向上を図る．	フーチング外周に鋼矢板を打設してフーチングと一体化を行い，安定向上を図る．	洗掘等により基礎の支持力不足が懸念される場合，基礎周辺にコンクリート等による根固めを行い，洗掘防止・地盤支持力向上を図る．	基礎周辺の地盤をセメント系改良材等で改良することにより，洗掘防止・地盤支持力向上を図る．
備 考	―	―	―		

項目索引

【か行】

河床洗掘　　67
河積阻害率　　64, 67, 105, 146, 152
河道閉塞　　61
岩盤橋脚剥れ倒壊　　61
岩盤剥離　　20, 24

橋脚
　　──の洗掘　　75
　　──の沈下　　66, 68, 104
　　──の倒壊　　49
　　──の流水抵抗　　97
橋台
　　──の侵食　　61
　　──の洗掘　　61
　　──の倒壊　　49
　　──の背面の洗掘　　61
　　──の崩壊　　61
橋梁健全度　　85
橋梁取付け道路　　151

計画高水流量　　85
桁下クリアランス　　154, 155
桁流出　　61

鋼鉄道橋設計示方書　　16
抗力係数　　92, 115
護床工　　75
護床ブロック　　77
コンクリ剥離　　24

【さ行】

再移動流木　　30
災害復旧　　145
座屈　　49

支承部の耐力　　139
支承部の補強　　156
支承ボルト　　26, 55
支点ボルト破断　　61
終局耐力　　19, 20, 24, 26
集積物　　30

集積流木　　31
集積流木量　　39
出水イベント　　35
浸透流速　　112

水位の変動　　35
砂の吸出し　　112

折損　　20
折損倒壊　　16
洗掘　　18, 61, 68
洗掘深　　112, 142
洗掘倒壊　　16
せん断破壊　　26

粗度係数　　85, 93

【た行】

蛇行波長　　89
谷底平野　　3, 87, 145
単列砂州　　89, 104

中規模河床形態　　88
超過外力　　45
超過洪水　　45
跳水　　66, 125

吊り橋の倒壊　　127

鉄筋コンクリート橋脚部の耐力　　140
鉄筋コンクリート橋脚部の補強　　156
鉄筋コンクリート橋梁設計心得　　16
鉄道プレートガーダ橋　　120

道路橋示方書　　24
道路合成桁橋　　124
道路トラス橋　　122
取付け道路　　79, 151

【は行】

剥れ倒壊　　16, 21
橋桁　　116, 119

ビデオ画像　*100*

複列砂州　*87, 89, 91*
ブロック　*75*

歩道橋鋼製桁の変形　*135*

【ま行】
曲げ応力　*19, 20, 24*
曲げ破壊　*21*

【ら行】
落橋　*61*

欄干破損　*134*

流下流木数　*42*
流出解析　*23, 85*
流体力　*19, 115, 117, 119*
流木　*29, 30, 47, 64*
　——が集積した場合の流体力　*129*
　——の集積　*38*
　——の集積量　*32*
　——の樹種　*30*
　——の容積　*41*

河川・橋梁等索引

【あ行】

足羽川　　3, 92, 142, 145
厚別川　　87

岩屋橋（足羽川）　　148, 155

栄進橋（沙流川）　　13
越美北線　　3, 15, 145

大久保橋（足羽川）　　148, 155
小川橋（只見川）　　59
尾佐渡橋（耳川）　　25, 26, 139
小原橋（耳川）　　25, 26

【か行】

蒲生橋（只見川）　　58

きさかばし（揖保川）　　48

賢盤橋（只見川）　　57

河野原橋歩道橋（赤穂郡上郡町）　　46, 135
高屏峡（台湾）　　49
五ヶ瀬川　　23
小布所橋（耳川）　　25, 26, 139
五礼橋（只見川）　　58

【さ行】

酒匂川　　92, 142
笹ヶ丘橋（佐用町）　　47, 136
沙流川　　12, 29, 87
沙流川水系貫気別川　　14

椎原橋（耳川）　　139
下向橋（長良川）　　64
下新橋（足羽川）　　148, 155
十文字橋（酒匂川）　　68, 92, 104, 142
新橋（朝来市）　　67

【た行】

第1鉄橋（越美北線）　　16, 146, 154
　　　　（高千穂鉄道）　　21, 22

第5鉄橋（越美北線）　　18, 146, 154
　　　　（JR, 只見川）　　56
第3鉄橋（越美北線）　　17, 146, 154
　　　　（高千穂鉄道）　　21, 22
第7鉄橋（越美北線）　　19, 146, 154
　　　　（JR, 只見川）　　53
第2鉄橋（越美北線）　　146, 154
　　　　（高千穂鉄道）　　21, 22
第4鉄橋（越美北線）　　6～9, 17, 146, 154
第6鉄橋（越美北線）　　146, 154
　　　　（JR, 只見川）　　56
高田大橋（足羽川）　　5, 10, 11, 148, 155
高千穂鉄道　　20
田沢橋（只見川）　　52
田尻新橋（足羽川）　　5, 148, 155
只見川　　52
多摩川（八高線, 中央線, 南武線）　　70

津羅橋（福地川）　　80

天神橋観測所（足羽川）　　15

殿島橋（天竜川）　　67

【な行】

中ノ平橋（只見川）　　57
栖戸橋（只見川）　　58

西部橋（只見川）　　54
二本木橋（只見川）　　53

貫気別川　　13, 14

【は行】

花立橋（只見川）　　59

日入倉橋（御勅使川）　　79

福島橋（足羽川）　　148, 155

【ま行】

万代橋（只見湖）　　56

神子畑川　47
御勅使川　79
南秋川　78
峯沢橋（只見川）　58
耳川　24, 139
宮川　61
妙之谷川　64

【や行】

山瀬橋（耳川）　139

湯倉橋（只見川）　55

【ら行】

竜西橋（安倍川）　66

著者紹介

玉井 信行(たまい のぶゆき)
1964年3月　　東京大学工学部土木工学科卒業
　修士，助手，講師，工学博士，助教授を経て，
1983年7月　　東京大学教授（工学部土木工学科）
2002年3月　　還暦を機に退職
2002年4月～2012年3月　　金沢大学教授および金沢学院大学経営情報学研究科教授
2007年7月～2011年7月　　国際水圏環境工学会(IAHR)会長
著書　　密度流の水理，技報堂出版，1980年3月
　　　　河川生態環境工学（編著者），東京大学出版会，1993年1月
　　　　河川計画論（編著者），東京大学出版会，2004年10月
　　　　等多数

石野 和男(いしの かずお)
1975年3月　　日本大学大学院理工学研究科修士課程修了
1975年4月　　大成建設（株）入社
　土木設計部，技術開発部等を経て，
1979年8月　　技術研究所配属．以後，海洋水理研究に従事
1994年3月　　明石海峡大橋洗掘防止工研究を契機に博士号取得
2004年7月　　福井県足羽川水害調査を契機に，主に豪雨による橋梁災害研究に従事
2012年8月　　大成建設（株）退社
2012年9月　　（株）アジア共同設計コンサルタント入社，現在に至る
著書　　流木と災害（分担執筆），技報堂出版，2009年12月

楳田 真也(うめだ しんや)
1998年3月　　金沢大学大学院工学研究科土木建設工学専攻修士課程修了
1999年4月　　金沢大学工学部助手
2006年10月　　金沢大学大学院自然科学研究科講師
2010年12月　　金沢大学理工研究域環境デザイン学系准教授，現在に至る

前野 詩朗(まえの しろう)
1980年3月　　岡山大学大学院工学研究科修士課程修了
1980年4月　　岡山県庁
1982年4月　　岡山大学工学部助手
　博士（工学），環境理工学部講師，助教授を経て，
2009年4月　　岡山大学大学院環境学研究科教授
2012年4月　　環境生命科学研究科教授，現在に至る
著書　　全世界の河川事典（分担執筆），丸善出版，2013年7月

渡邊 康玄(わたなべ やすはる)
1984年3月　　北海道大学大学院工学研究科土木工学専攻修士課程修了
1984年4月　　北海道開発庁
　北海道開発局石狩川開発建設部，開発土木研究所河川研究室，北海道開発局長官房環境審査官補佐，
　独立行政法人寒地土木研究所寒地河川チーム上席研究員等を経て，
2008年4月　　北見工業大学教授（工学部社会環境工学科），現在に至る
著書　　川の蛇行復元 - 水理・物質循環・生態系からの評価 - （分担執筆），技報堂出版，2011年3月
　　　　流木と災害 - 発生から処理まで - （分担執筆），技報堂出版，2009年12月
　　　　等